PRAXISLEITFADEN

Lieferantendokumentation

Bewährte Vorgehensweise in acht Schritten

2., aktualisierte Auflage

von Magali Baumgartner, Michael Leifeld

Bibliografische Information der Deutschen Nationalbibliothek:
Die Deutsche Nationalbibliothek verzeichnet diese Publikation in der Deutschen Nationalbibliografie; detaillierte bibliografische Daten sind im Internet über hhttps://portal.dnb.de/opac.htm abrufbar.

Verlag
tcworld GmbH
Heilbronner Straße 86
70191 Stuttgart
Telefon +49 711 65704-0
E-Mail info@tekom.org
www.tekom.de

2., aktualisierte Auflage 2024

Druck: Libri Plureos GmbH, Friedensallee 273, 22763 Hamburg

ISBN 978-3-96393-014-0 (Softcover)
ISBN 978-3-96393-015-7 (E-Book PDF)
ISBN 978-3-96393-099-7 (Bundle Softcover und E-Book PDF)

Inhalt

1. Vorwort

Seit Erscheinen des Praxisleitfadens im Jahr 2011 haben die Autoren Magali Baumgartner und Michael Leifeld die Inhalte bei zahlreichen Veranstaltungen vorgestellt und mit den Teilnehmern intensiv diskutiert. Dabei sind viele Sachverhalte und Aspekte angesprochen und kritisch hinterfragt worden. Viele Teilnehmer haben Ergänzungsvorschläge gemacht. Die geäußerten Ideen und Wünsche wurden von den Autoren aufgenommen.

Jetzt ist die zweite Auflage fertig. Die Grundstruktur des Praxisleitfadens bleibt mit der Orientierung an dem Business-Prozess in 8 Schritten erhalten. Der Business-Prozess hat sich in der Praxis sehr bewährt.

In den Fokus gerückt ist die Analyse der Rahmenbedingungen, die im eigenen Unternehmen gegeben sind und an denen sich die Optimierung eines Prozesses für die Beschaffung von Lieferantendokumentation orientieren muss. Dabei geht es zum einen um die technischen Voraussetzungen im Unternehmen wie den Stand der Digitalisierung von internen und externen Prozessen, aber es geht genauso um vorhandene organisatorische Strukturen und interpersonelle Verhältnisse, die in jedem Unternehmen anders sind.

Die Analyse und Bewertung der Rahmenbedingungen sind die Voraussetzungen, um einen für alle Seiten verbesserten Prozess zur Beschaffung, Verarbeitung und Bereitstellung von Lieferantendokumentation erfolgreich einzuführen.

Außerdem wurde der Praxisleitfaden erweitert um die Inhalte:

- Papier versus Elektronische Dokumentation / Daten statt Dokumente
- Dokumentenmanagement und Records Management
- PDM-Datenmodell zum Automatisieren des Bestellvorgangs
- weitere Beispiele und Checklisten aus der Praxis.

2. Einleitung

Kennzeichnend für den Maschinen- und Anlagenbau ist, dass sich die Technische Dokumentation für den Endkunden zu einem erheblichen Teil zusammensetzt aus der Dokumentation, die von einzelnen Lieferanten bereitgestellt wird. Eine wichtige Aufgabe der Technischen Redaktion in dieser Branche besteht darin, aus den eigenen und zugelieferten Informationsprodukten eine Gesamtdokumentation zu erstellen. Diese Dokumentation sollte alle für den Endkunden erforderlichen Informationen möglichst einfach und zielgerichtet zur Verfügung stellen.

Der Oberbegriff „Technische Dokumentation" umfasst in diesem Praxisleitfaden in erster Linie die externe Technische Dokumentation und zum Teil auch die interne Technische Dokumentation, im Sinne der VDI 4500-1.

Alle Beteiligten, die zur Gesamtdokumentation beitragen, befinden sich in einem Spannungsfeld von vier wesentlichen Faktoren:

Abbildung 1: Spannungsfeld aller Beteiligten zur Gesamtdokumentation

Die Zielmärkte mit ihren jeweiligen Rechtsräumen geben die Anforderungen an die Technische Dokumentation vor. Durch vertragliche Regelungen können sich darüberhinausgehende, zusätzliche Forderungen ergeben, die in der Praxis manchmal auch im Widerspruch zu rechtlichen Anforderungen stehen.

Die Technische Dokumentation ist Bestandteil des Produktes. Der Hersteller muss sie mit **wirtschaftlich vertretbarem** Aufwand erstellen und zu einem **definierten Termin** liefern können.

Diese Aufgabe ist nicht einfach zu erfüllen. Sie ist in einem Umfeld angesiedelt, das durch die **Internationalisierung** der Unternehmen und durch komplexe Lieferketten gekennzeichnet ist. Viele Unternehmen kaufen mittlerweile ihre Bauteile bis hin zu kompletten Maschinen rund um den Globus ein, um sie zu einer Gesamtmaschine oder Anlage zusammenzufügen.

Es ist schon eine Herausforderung die „richtige" Technische Dokumentation von Lieferanten im eigenen Kulturkreis zu bestellen und zu bekommen. Diese Aufgabe ist noch schwieriger, wenn Lieferanten in einem anderen Kulturkreis angesiedelt sind. Noch anspruchsvoller ist es, wenn Tochterfirmen mit anderen Standards, gemeinsam mit dem Stammhaus, Aufträge bearbeiten und die einzelnen Teile der Technischen Dokumentation an verschiedenen Standorten zusammengestellt werden.

Selbst wenn alle Beteiligten qualitativ hochwertige Dokumentationen erstellen, führt das nicht zwingend zu einer qualitativ hochwertigen Gesamtdokumentation. Kritische Erfolgsfaktoren sind eindeutige Spezifikationen und Zuständigkeiten sowie klare Prozesse.

Die Spezifikation der Technischen Dokumentation ist abhängig von den Anforderungen des Endkunden und den jeweiligen gesetzlichen Vorgaben des Verwenderlandes. Sie kann von Auftrag zu Auftrag, von Projekt zu Projekt variieren.

Ein Konflikt ist vorprogrammiert, wenn der Gesamtlieferant seine Anforderungen an die Dokumentation seiner Lieferanten nur unzureichend spezifiziert. Nicht selten erfüllen die gelieferten Dokumentationen dann nicht seine Erwartungen und er stellt Nachforderungen. Das hat zur Folge, dass Prozessschritte unnötigerweise wiederholt durchlaufen werden müssen. Dann entstehen auf allen Seiten mehr Aufwand, Kosten und es kommt zu Missstimmungen.

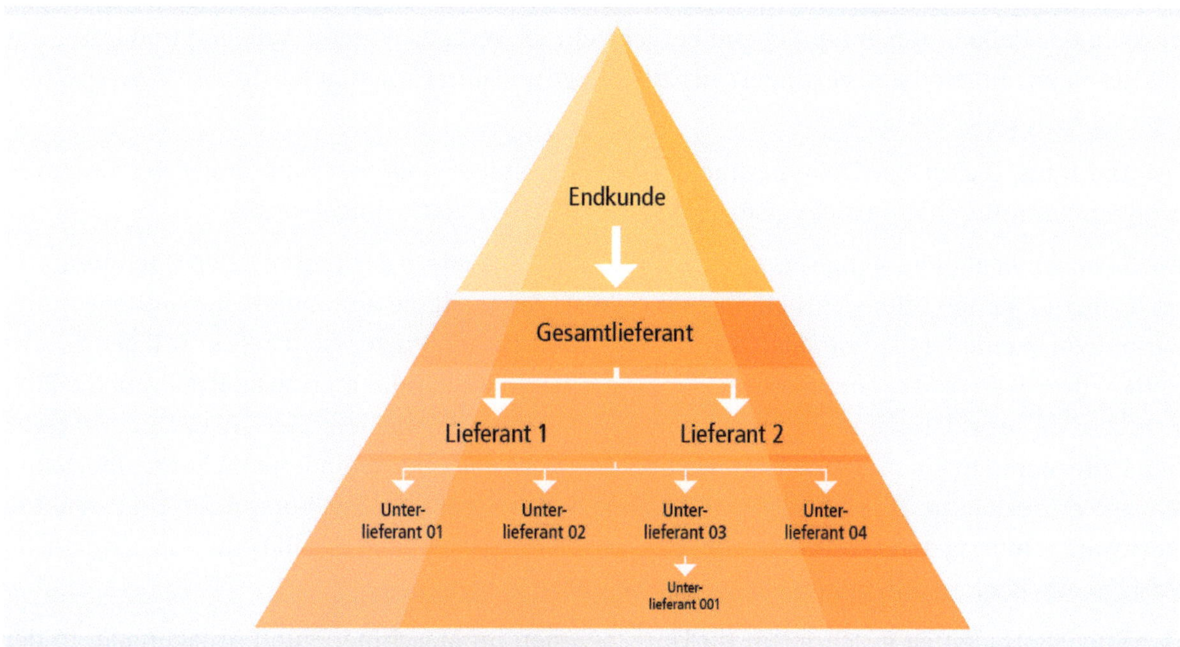

Abbildung 2: Anforderungen in der Pyramide der Lieferkette

Ein Lieferant kann – bis hin zu Stückzahl Eins – mit auftragsbezogen unterschiedlichen Anforderungen von seinen direkten und indirekten Kunden in der Lieferkette konfrontiert sein.

Verstärkt wird dieses Phänomen, wenn ein Lieferant selbst Auftraggeber von Unterlieferanten ist. Sobald er Systeme und Komponenten in sein Produkt integriert, muss er die Dokumentation seiner Unterlieferanten in seine eigene Dokumentation einbinden. Dadurch entsteht eine **Mehrstufigkeit** in den Abhängigkeiten zwischen Gesamthersteller, Lieferant und Unterlieferant. Die Anforderungen an die Dokumentation ziehen sich durch alle Stufen.

Aus der Perspektive eines Lieferanten ist es nicht ungewöhnlich, dass die Anforderungen der Dokumentation – wirtschaftlich betrachtet – nicht zu erfüllen sind. Beispielsweise wenn die Anleitung für eine einfache Maschine von geringem Wert in einer selten verlangten Sprache zu liefern ist.

Lieferanten sind nicht nur extern angesiedelt. Auch interne Lieferanten erzeugen Informationsprodukte, die Bestandteil der Technischen Dokumentation sind. Üblicherweise sind interne Lieferanten angesiedelt in den Fachabteilungen Engineering und Projektierung. Oder sie arbeiten in Tochterunternehmen, die für einen Auftrag/für ein Projekt zuliefern.

Zusätzlich zu der oben aufgeführten Komplexität in den Lieferketten kommt dem internen Ablauf innerhalb eines Unternehmens eine wichtige Rolle zu. Die operativen Organisationseinheiten (Abteilungen, Gruppen, Teams) in einem Unternehmen haben unterschiedliche Zieldefinitionen und so ziehen sie nicht immer an einem Strang und in dieselbe Richtung. Im vorliegenden Praxisleitfaden wird die Benennung „Organisationseinheit" verwendet und damit den Unterschieden in den Organigrammen von Unternehmen Rechnung getragen.

Während die Abteilungen Technische Dokumentation und Engineering Wert auf die Qualität der Lieferantendokumentation legen, liegt der Schwerpunkt der Einkaufsabteilung auf der günstigen Beschaffung von Komponenten und Systemen und deren Dokumentation. Der Vertriebsabteilung ist daran gelegen, das eigentliche Produkt am Markt zu platzieren. Sie kann – zumeist aus mangelnder Fachkenntnis – nicht bewerten, ob die Anforderungen eines Kunden an die Technische Dokumentation anspruchsvoll sind. Technische Dokumentation ist Teil des Produkts und muss in der Kalkulation entsprechend berücksichtigt werden. Werden Aufwand und Dauer für das Erstellen unterschätzt, verringert sich die Marge und unter Umständen drohen Vertragsstrafen und finanzielle Verluste.

Die Abteilung Technische Dokumentation ist als Hersteller und/oder Empfänger der Lieferantendokumentation häufig nicht ausreichend in die Prozesskette eingebunden.

Die Gesamtheit aller Vorgänge bis zum Bereitstellen und Liefern der Technischen Dokumentation ist nicht klar und offensichtlich. Der Praxisleitfaden stellt die Abhängigkeiten und Wechselwirkungen in einem Prozessmodell dar, untergliedert in acht Prozessschritte. Er soll den Lesern helfen, ihre Arbeitssituation mit ihren Zuständigkeiten und Problemen zu analysieren, die Prozessschritte zu erklären und Vorschläge zur Verbesserung zu machen. Ziel soll es sein, im eigenen Unternehmen einen definierten, einheitlichen, sich wiederholenden und kontrollierbaren Prozess einzurichten. Optimierte Prozesse bedeuten wirtschaftlichen Vorsprung. Und strukturierte und schlüssig dargestellte Defizite und Verbesserungspotenziale sind eine aussichtsreiche Vorlage, um übergeordnete Entscheidungsebenen zu überzeugen.

Der Praxisleitfaden ist geschrieben für Unternehmen im Maschinen- und Anlagenbau. In der Prozesskette, an deren Ende die Gesamtdokumentation steht, müssen mehrere Fachabteilungen aktiv sein, beim Gesamthersteller, bei seinen Lieferanten und deren Unterlieferanten. Der Praxisleitfaden wendet sich deshalb an die Mitarbeiter und Entscheider der Abteilungen:

- Technische Dokumentation,
- Projektierung,
- Vertrieb,
- Einkauf und
- Engineering,
- Qualitätsmanagement
- und auch an die Entscheidungsträger in der Geschäftsleitung.

3. Rahmenbedingungen

Verschiedene Rahmenbedingungen beeinflussen wesentlich die Ziele, die Prozesse selbst als auch die Optionen der Prozessverbesserung im Hinblick auf die Lieferantendokumentation.

3.1 Rechtliche Rahmenbedingungen

Gegenstand des folgenden Kapitels sind Regelungen für den Warenverkehr.

EU-Richtlinien müssen von den EU-Mitgliedsstaaten in nationales Recht umgesetzt werden und sind dadurch in allen Mitgliedsstaaten verbindlich. Davon abzugrenzen sind Verordnungen. Diese sind mit der Veröffentlichung wirksam und in vollem Umfang anzuwenden.

Die EU-Richtlinien für Produkte bzw. Waren stellen ein weitreichendes rechtliches Regelwerk in der Europäischen Union dar. In ihnen sind die grundlegenden Sicherheits- und Gesundheitsanforderungen an Produkte formuliert, einschließlich der Anforderungen an die Dokumentation dieser Produkte. Zum Produkt gehören zweifellos die Beschreibung und alle Hinweise zu seiner sicheren Verwendung. Die Dokumentation ist also Teil des Produkts.

Der Anwendungsbereich einer Richtlinie definiert, auf welche Produkte die Richtlinie anzuwenden ist.

Für viele Produkte aus dem Maschinen- und Anlagenbau sind relevant – ggf. neben anderen – die Maschinenrichtlinie 2006/42/EG, die Niederspannungsrichtlinie 2014/35/EU und die EMV-Richtlinie 2014/30/EU.

Es gibt auch Produkte, die nicht in den Anwendungsbereich einer EU-Richtlinie fallen.

Das Gesetz über das Bereitstellen von Produkten auf dem Markt, das Produktsicherheitsgesetz (ProdSG), stellt die Umsetzung der EU-Produktsicherheitsrichtlinie 2001/95/EU in Deutschland dar. Es sagt aus, dass den Produkten die sicherheitsrelevanten Informationen beizugeben sind, wenn sie auf dem Markt bereitgestellt werden. Das ProdSG findet uneingeschränkte Anwendung auf Geräte, Produkte und Anlagen, also sowohl auf betriebsfertige Systeme als auch auf einzelne Komponenten. Das ProdSG ergänzt das Produkthaftungsgesetz (ProdHaftG).

Island, Lichtenstein, Norwegen und die Schweiz sind keine EU-Mitgliedsstaaten, sie haben sich in der EFTA (European Free Trade Association) zusammengeschlossen. Über Verträge oder direkt über ein bilaterales Abkommen (Schweiz) haben die EFTA-Staaten das rechtliche Regelwerk der EU-Richtlinien übernommen. Dadurch konnten Hürden für den freien Warenverkehr in Europa weiter abgebaut werden.

Für den Import von Produkten/Waren in andere Binnenmärkte oder Staaten außerhalb der EU und EFTA gelten deren spezifische rechtliche Anforderungen hinsichtlich Sicherheit, Gesundheits- und Umweltschutz.

Vor dem Export von Produkten/Waren empfiehlt es sich daher, die aktuellen Marktzugangsvoraussetzungen des sogenannten Verwenderlandes sorgfältig zu ermitteln.

Vertragliche Vereinbarungen können Lücken in den rechtlichen Regelungen schließen, sie können rechtliche Regelungen jedoch nicht aushebeln. Weitergehende Anforderungen – über die rechtlichen Regelungen hinaus – sind üblich. Diese vertraglichen Vereinbarungen können sehr detailliert sein und die Erfüllung der Anforderungen an die Dokumentation kann hohe Kosten zur Folge haben.

Incoterms (International Commercial Terms) regeln standardisiert Zahlungs- und Lieferbedingungen zwischen Verkäufer und Kunde. Das schließt auch den Lieferort ein. Wenn vertraglich keine anderen Vereinbarungen getroffen sind, gelten immer die rechtlichen Anforderungen des Lieferorts.

Eine geschickte Wahl der Incoterms kann für den Verkäufer von Vorteil sein, wenn sein Vertragspartner, der Kunde, das Produkt in einem Land in Verkehr bringen möchte, für das die Voraussetzungen für den Marktzugang komplex oder schwierig zu ermitteln sind. Voraussetzung ist, dass nationale Regelungen dies nicht verbieten.

In den Normen sind die Anforderungen aus Gesetzen heruntergebrochen und konkretisiert. Gleichwohl ist die Anwendung von Normen freiwillig.

Die von den Organisationen CEN, CENELEC und ETSI erarbeiten Normen decken die Anforderungen aus den EU-Produkt-Richtlinien ab. Die Titel dieser europäischen harmonisierten Normen werden im Amtsblatt der EU veröffentlicht, damit gelten die harmonisierten Normen als publiziert.

Harmonisierte Normen müssen von den Mitgliedsstaaten der EU in nationale Normen umgesetzt werden. Bei Anwendung von harmonisierten Normen ist dann die sogenannte Vermutungswirkung zulässig, das heißt, es wird davon ausgegangen, dass das Produkt den grundlegenden Sicherheits- und Gesundheitsschutzanforderungen entspricht.

Aufbewahrung von Informationsprodukten

Nachdem die Informationsprodukte fertiggestellt und versendet sind, sollte der Hersteller eine lückenlose Rückverfolgbarkeit sicherstellen. Nur wenn er nachweisen kann, welche Informationsprodukte er mit welchem Revisionsstand, wann und an welchen Empfänger geliefert hat, kann er möglichen Regressansprüchen wegen fehlender oder mangelhafter Dokumentation begegnen. Eine Aufbewahrungsfrist – von 10 Jahren – fordert beispielsweise die Maschinenrichtlinie 2006/42/EG.

Die ausgelieferten bzw. bereitgestellten Informationsprodukte sollten entsprechend den Anforderungen eines geordneten Records Managements archiviert werden. Das kann in Form eines Papierarchivs erfolgen und/oder in digitaler Form. Zur Orientierung empfiehlt sich die Norm ISO 15489-1:2016 Information and documentation — Records management — Part 1: Concepts and principles.

Zum Zeitpunkt des Redaktionsschlusses des Praxisleitfadens sind einige EU-Richtlinien in Überarbeitung, darunter die Maschinenrichtlinie 2006/42/EG. Sie wird nach abgeschlossener Revision als Verordnung veröffentlicht werden und ist dann 42 Monate nach der Veröffentlichung verbindlich anzuwenden.

In der derzeit zugänglichen Fassung ist erstmals die Weitergabe von Dokumentation in elektronischer Form statt Papier vorgesehen. Das könnte die elektronische Dokumentation im Rahmen der allgemeinen Digitalisierung zum primären Medium der Technischen Dokumentation machen.

Auch das Thema Aufbewahrungspflicht bekommt im Hinblick auf das elektronische Format der Dokumentation in der Maschinen-Verordnung eine höhere Bedeutung. Der aktuelle Entwurf enthält weitergehende Verpflichtungen für Hersteller und Importeure zur Bereitstellung und Aufbewahrung der Technischen Dokumentation.

3.2 Wirtschaftliche Rahmenbedingungen

Unternehmen konzentrieren sich verstärkt auf ihre Kernkompetenzen. Das bedeutet in vielen Fällen, sie verringern die interne Fertigungstiefe und kaufen mehr und mehr Leistungen und Produkte zu, und das auf einem globalen Markt. Durch den steigenden Fremdbezug im Maschinen- und Anlagenbau steigt auch die Bedeutung des Beschaffungsmanagements. Die Lieferketten werden zunehmend mehrstufig.

Nur in wenigen Unternehmen hat sich bisher die Erkenntnis durchgesetzt, dass der niedrigste Einkaufspreis allein kein ausreichendes Entscheidungskriterium für eine innovationsstarke Lieferantenpartnerschaft sein kann. Der billigste Lieferant ist selten auch der beste. Oder um es mit einem Zitat zu sagen, das dem englischen Sozialphilosophen John Ruskin (1819–1900) zugeschrieben wird:

„Es gibt kaum etwas auf dieser Welt, das nicht irgendjemand schlechter machen und etwas billiger verkaufen könnte, und die Menschen, die sich nur am Preis orientieren, werden die gerechte Beute solcher Machenschaften. Es ist unklug, zu viel zu bezahlen, aber es ist genauso unklug, zu wenig zu bezahlen. Wenn Sie zu viel bezahlen, verlieren Sie etwas Geld, das ist alles. Bezahlen Sie dagegen zu wenig, verlieren Sie manchmal alles, da der gekaufte Gegenstand die ihm zugedachte Aufgabe nicht erfüllen kann. Das Gesetz der Wirtschaft verbietet es, für wenig Geld viel Wert zu erhalten. Das funktioniert nicht. Nehmen Sie das niedrigste Angebot an, müssen Sie für das eingegangene Risiko etwas hinzurechnen. Wenn Sie das aber tun, dann haben Sie auch genug Geld, um für etwas Besseres zu bezahlen.“

Mit einem zukunftsfähigen Beschaffungsmanagement lassen sich strategische Lieferantenpartnerschaften etablieren und ausbauen und langfristig Wertschöpfungsbeiträge für den Hersteller und seine Kunden erreichen. Diese Grundsätze gelten genauso für das Zukaufprodukt Lieferantendokumentation. Dabei ist eine effektive und effiziente Zusammenarbeit zwischen Technischer Redaktion und Beschaffung unabdingbar, um die richtigen Spezifikationen für eine geeignete Zulieferdokumentation zu definieren und zu wirtschaftlichen Bedingungen durchzusetzen.

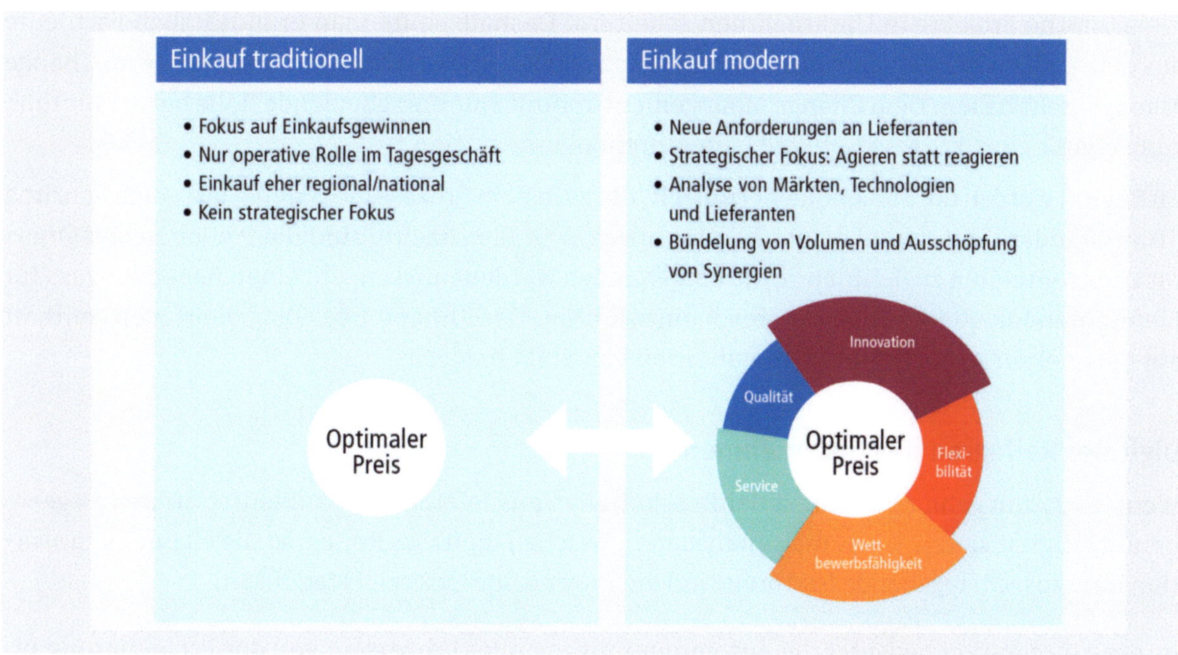

Abbildung 3: Vom traditionellen Einkauf zum modernen Beschaffungsmanagement

3.3 Organisatorische Rahmenbedingungen

Um ein Projekt wie die Neu-Organisation der Beschaffung von Lieferantendokumentation erfolgreich umzusetzen, ist es zuerst erforderlich, sich ein objektives Bild über den Stand des eigenen Unternehmens in Bezug auf die kritischen Erfolgsfaktoren zu verschaffen. Kritische Erfolgsfaktoren sind diesbezüglich der organisatorische und digitale Reifegrad, das Vorhandensein eines Dokumentenmanagements und eine einheitliche Terminologie im Unternehmen.

Nicht alle der Erfolgsfaktoren müssen zu Beginn vollständig erreicht sein. Es geht vielmehr darum, ein klares Bild zu bekommen und dann zu entscheiden, wie und mit welcher Ausprägung man einen neuen Prozess oder auch nur einen Teilprozess erfolgreich etablieren kann.

3.3.1 Reifegrad eines Unternehmens

Organisatorischer Reifegrad

Der organisatorische Reifegrad eines Unternehmens wird bestimmt durch die klare Zuordnung von Kompetenzen und Aufgaben sowie die präzise Beschreibung von Prozessen. Dazu haben viele Unternehmen bereits ein ISO-zertifiziertes Qualitäts-Managementsystem eingeführt. Wichtig ist aber, dass die dort festgelegten Regeln auch gelebt werden. Das ist leider nicht immer der Fall.

Change Management

Unabhängig vom organisatorischen Reifegrad eines Unternehmens ist ein begleitendes Change Management nahezu unverzichtbar, um in einem Unternehmen einen geregelten Prozess für die Lieferantendokumentation einzuführen.

Es ist kaum zu unterschätzen, wie weit das Beharrungsvermögen einzelner Vorgesetzter, Kollegen und ganzer Organisationseinheiten neue Prozesse unterlaufen und behindern kann. Das soll keine Verurteilung sein. Es ist ein normales Verhalten, auf Veränderungen, bei denen man nicht mitgenommen wurde, abwehrend zu reagieren. Aber es ist auch ein Grund dafür, dass zu viele interne Projekte in Unternehmen scheitern. Deshalb sollte man grundsätzlich Fachleute aus dem Unternehmen oder von außerhalb hinzuziehen, die Erfahrung und Expertise im Change Management haben. Dem Change Management kommt eine entscheidende Rolle bei der Einführung eines neuen Prozesses für die Lieferantendokumentation zu.

Zu Beginn werden die Stakeholder ermittelt, die es in dem Prozess gibt (siehe dazu auch Schritt 2 „Hausstandard intern und extern kommunizieren"). Gleichzeitig sind die Personen und Organisationseinheiten zu definieren, die eingebunden werden müssen, um einen neuen Prozess für Lieferantendokumentation erfolgreich einzuführen. Der Anhang 1 des Praxisleitfadens enthält ein Beispiel zur Analyse und Dokumentation von Stakeholdern.

Digitaler Reifegrad des Unternehmens

Wenn es darum geht, den Prozess der Beschaffung von Lieferantendokumentation weitestgehend zu digitalisieren, muss man analysieren, welchen digitalen Reifegrad die eigene Organisation hat. Ausschlaggebende Faktoren sind die interne und externe Integration.

Interne Integration bedeutet die Zusammenführung aller Prozesse – von der Projektierung bis zur Abwicklung – in einem digitalen System. Man spricht dann von einer vertikalen Digitalisierung. Das kann ein zentrales ERP-System sein, in dem alle Prozessschritte hinterlegt sind (vertikale Digitalisierung).

Externe Integration oder horizontale Digitalisierung meint die Zusammenarbeit mit Kunden, Dienstleistern und Lieferanten in einem gemeinsamen System auf einer digitalen Plattform. Das kann ein eigenständiges System sein und sollte im besten Fall eine Schnittstelle zum internen System haben. Digitale Plattformen sind Kollaborations-Tools und Lieferanten-Portale.

Für das Thema Lieferantendokumentation ist von besonderer Bedeutung, ob im Unternehmen bereits ein dezidiertes Dokumentenmanagement etabliert ist, mit dem alle geschäftsrelevanten Dokumente rückverfolgt werden können. Um das zu gewährleisten, ist es erforderlich, zu jedem Dokument die relevanten Metadaten zu erfassen.

Metadaten im Dokumentenmanagement beschreiben die Eigenschaften eines Dokuments. Erst Metadaten ermöglichen die eindeutige Identifikation, Verteilung, Nachverfolgung und Wiederauffindbarkeit von Dokumenten.

Die VDI-Richtlinie 2770 Blatt 1 „Betrieb verfahrenstechnischer Anlagen – Mindestanforderungen an digitale Herstellerinformationen für die Prozessindustrie – Grundlagen“ macht Minimal-Vorgaben an die Metadaten, die den Dokumenten mitzugeben sind, und für die Struktur, in der die Dokumente zu liefern sind. Ob das im Einzelfall ausreicht oder ob weitere Metadaten und/oder eine andere Art der Lieferung oder Bereitstellung von Dokumenten erforderlich sind, muss jedes Unternehmen für sich entscheiden.

Für den Austausch von Dokumenten werden insbesondere im Anlagenbau sogenannte **Transmittale** verwendet. In einem separaten Transmittal-Dokument (Anhang 2) oder einer vorangestellten Seite sind die Metadaten der zu versendenden bzw. empfangenen Dokumente aufgeführt.

Zumindest folgende Metadaten sollten angegeben sein:

- Sende-/Empfangsdatum
- Name des Senders und des Empfängers
- Auftragsname, Bestellnummer oder andere Referenzdaten
- Anlass (zum Beispiel Bestellung, Revision, Reklamation, Aufforderung zur Korrektur etc.)
- Termin für Reaktion des Empfängers (falls erforderlich)
- Liste der gesendeten/empfangenen Dokumente mit Dateinamen, Größe, Versionsindex, Reifegrad (z. B. Skizze, finale Version)

Der Austausch der Transmittal-Dokumente erfolgt standardmäßig über Austauschplattformen, auf die sowohl Auftragnehmer als auch Auftraggeber einen geregelten Zugang mit genau definierten Rechten haben, wie Lese-, Änderungs- oder Schreibrechte. Es ist denkbar, auch Unterlieferanten Zugriff auf eine solche Plattform zu ermöglichen. Bei diesem Szenario ist zu beachten, dass der Gesamtauftragnehmer immer in der Gesamtverantwortung steht und damit für alle gelieferten Dokumente die Verantwortung trägt und sie deshalb entsprechend zu prüfen hat.

Die elektronische Lieferung von Dokumenten über eine Austauschplattform bietet die Möglichkeit zur **dynamischen Bereitstellung** von Dokumenten:

- die Lieferung von Teilen der Dokumentation, weil fast immer noch irgendein Dokument fehlt und dadurch Termine versäumt werden
- ergänzende Lieferung und einfacher Austausch von neuen, aktualisierten oder geänderten Dokumenten.
- In Kombination mit einem sogenannten Terminszenario zur Bereitstellung, Prüfung und Freigabe von Dokumenten wird daraus ein wichtiges Instrument der Projektabwicklung.

3.3.2 Terminologie-Entwicklung im Unternehmen

Nicht zu unterschätzen ist die Bedeutung einer einheitlichen Terminologie im Unternehmen, über alle Organisationsbereiche hinweg. An dieser Stelle muss man als Vorbereitung eine Bestandsaufnahme und Bereinigung der unterschiedlichen Benennungen durchführen. So kann mit einem Maschinenaufstellungsplan, einer Aufstellungszeichnung, einer Aufstellungsskizze oder einem Einbauplan ein und dasselbe Dokument gemeint sein. Die eindeutige terminologische Benennung eines Dokuments muss zentral festgelegt werden. Das erfolgt in der Regel in der Organisationseinheit, die für Normung und/oder Qualitätssicherung zuständig ist.

DIN EN 61355-1:2009 - Klassifikation und Kennzeichnung von Dokumenten für Anlagen, Systeme und Einrichtungen - Teil 1: Regeln und Tabellen zur Klassifikation beschreibt eine einheitliche und herstellerübergreifende Klassifikation und Identifikation von Dokumenten.

Aus dem Bereich Kraftwerksbau kommt die Richtlinie B103:2010-02 Kennbuchstaben für Dokumentartklassen in Kraftwerken (DCC-Schlüssel), mit deren Hilfe man Dokumente ebenfalls klassifizieren kann. Diese Richtlinie ist detaillierter in Bezug auf die Inhalte der zu klassifizierenden Dokumente.

3.4 Ausblick: Daten statt Dokumente

In Hinsicht auf bereits bestehende und zukünftige Anforderungen und Möglichkeiten, z. B. durch Cloud-basierte Datenhaltung, können Unternehmen Überlegungen anstellen, wie sich technische Informationen besser aufbereiten lassen und damit ein höherer Kundennutzen erzeugt werden kann. Das hat auch direkte Auswirkungen auf die Anforderungen an die Lieferantendokumentation.

Informationsprodukte bündeln

In vielen Unternehmen sind die Nutzungsinformation und der elektronische Ersatzteilkatalog separate Produkte, obwohl sie für die Instandhaltung einer Anlage oder Maschine unbedingt zusammengehören. Der Service-Techniker oder Mitarbeiter in der Instandhaltung benötigt diese Informationen zusammengeführt in einem Informationsprodukt.

Aus Vertriebssicht ergibt sich ein weiterer positiver Effekt. Ein Kunde wird naturgemäß ein Ersatzteil dort bestellen, wo er es am günstigsten bekommt. Es kann aber aus Gründen der Effizienz besser für ihn sein, einen höheren Preis beim Systemlieferanten zu zahlen, wenn die Informationen über das Ersatzteil in dem Informationsprodukt selbst direkt verfügbar sind.

Eine Bündelung der Informationsprodukte ist ein guter Schritt in Richtung erhöhter Kundennutzen - aber nur ein Zwischenschritt.

Informationen in einem Instandhaltungssystem ablegen

Ein Unternehmen kann den Kundennutzen noch deutlich weiter erhöhen, indem es die gelieferten Informationen so aufbereitet, dass sie in einem Instandhaltungssystem verfügbar sind.

Die heutige Praxis sieht meistens noch so aus, dass beim Betreiber einer Anlage Instandhaltungsverantwortliche die Dokumente des Lieferanten nach Daten für die Instandhaltung durchsuchen und diese dann wiederum in ihr eigenes Instandhaltungssystem eingeben.

Folgende Szenarien sind denkbar:

1. Der Lieferant stellt ein Instandhaltungssystem als Service zur Verfügung und füllt es sukzessive mit den Daten und Dokumenten.

   Da eine Maschine oder Anlage im Laufe der Zeit Änderungen und Umbauten erfährt, muss der Kunde Veränderungen selbstständig dokumentieren können, dazu benötigt er einen Schreibzugriff auf das Instandhaltungssystem.

   Das sukzessive Füllen des Systems hat zudem einen weiteren Vorteil. In der Praxis gelingt es selten, die Dokumentation vollständig zu einem Zeitpunkt als Paket zu liefern. Beim sukzessiven Füllen des Systems mit Daten und Dokumenten erhält der Kunde direkt den Zugriff auf alle verfügbaren Informationen und muss nicht auf die Lieferung von Dokumentationspaketen warten. Auch bei Änderungen und Erweiterungen ist die Dokumentation immer auf dem aktuellen Stand.

   Das Instandhaltungssystem kann beim Kunden installiert oder als Service in der Cloud angeboten werden.

2. Der Kunde besitzt bereits ein datenbankgestütztes Instandhaltungs-Management und möchte die Information aus den Dokumenten und/oder die Dokumente selbst in sein System integrieren. Dazu muss er dem Lieferanten ein entsprechendes Template mit den gewünschten Datenfeldern zur Verfügung stellen.

   Die Praxis hat gezeigt, dass diese Templates in der Regel erklärungsbedürftig sind und somit eine direkte Kommunikation zwischen den Erstellern der Information beim Lieferanten und den Empfängern beim Kunden unerlässlich ist. Das gilt selbstverständlich auch für die Kommunikation zwischen dem Lieferanten und seinen Unterlieferanten.

Wenn bei zukünftigen Geschäftsmodellen die Hersteller von Maschinen oder Anlagen diese Anlagen und Maschinen auch für Kunden instandhalten (EPCM = Engineering, Procurement, Construction and Maintenance) oder sogar betreiben, wird die Technische Dokumentation wesentlich zum Gelingen solcher Modelle beim Hersteller beitragen müssen.

Für Lieferanten bedeutet es, dass sie zukünftig wahrscheinlich weniger Dokumente und dafür mehr Daten liefern müssen. Durch Templates macht der Kunde klare Vorgaben, welche Daten er in welchen Formaten erwartet. Der Anteil an Dokumenten, die vom Lieferanten zu erstellen sind, schrumpft, dafür steigt der Aufwand für das Bereitstellen von aufbereiteten Dokumenten und Daten.

4. In 8 Prozessschritten zum Ziel

Wenn die im vorherigen Kapitel beschriebenen Rahmenbedingungen für das eigene Unternehmen analysiert sind, geht es nun um die Beschreibung des Prozesses zur Beschaffung von Lieferantendokumentation.

Die Autoren des Praxisleitfadens sind davon überzeugt, dass die bei der Beschaffung von Lieferantendokumentation auftretenden Probleme vermieden oder zumindest reduziert werden können, wenn der Prozess in seiner Gesamtheit betrachtet, optimiert und gegebenenfalls ergänzt wird. Dazu muss man den Gesamtprozess sorgfältig und genau untersuchen und in einzelne Prozessschritte unterteilen. Die Autoren legen die Annahme zu Grunde, dass die Prozessschritte in allen Unternehmen einheitlich sind, auch wenn es bei den Benennungen der Organisationseinheiten oder der Dokumente Abweichungen geben kann.

Der im Folgenden dargestellte Prozess besteht aus acht Teilschritten, die in diesem Praxisleitfaden vorgestellt und erläutert werden.

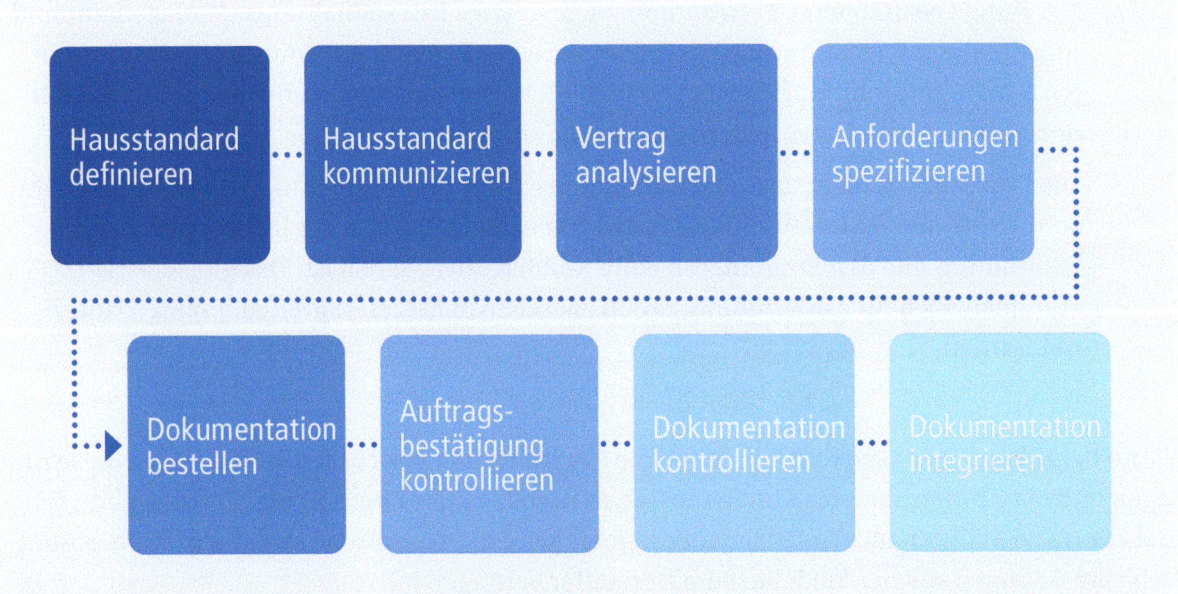

Abbildung 4: Prozesskette

Die Ziele, die ein Anwender des Leitfadens formuliert, müssen mit den Rahmenbedingungen, die das Unternehmen vorgibt, erreichbar sein. Und erfahrungsgemäß lassen sich Rahmenbedingungen nur begrenzt und langfristig ändern.

Der Prozess ist als Idealbild zu verstehen, denn nur wenige Unternehmen erreichen einen Reifegrad, der die vollständige Einführung und Aufrechterhaltung des Prozesses ermöglicht. Die Autoren sind aus eigener Erfahrung davon überzeugt, dass es sich immer lohnt, auch einzelne Prozessschritte einzuführen bzw. zu optimieren.

Bei der Prozessgestaltung kommt den internen Lieferanten eine besondere Rolle zu. Deren Pflichten sind zumeist nicht präzise geregelt und bei Nichterfüllung sind Sanktionsmaßnahmen nicht vorhanden oder eher gering wirksam. Zu den internen Lieferanten zählen deshalb neben den zuliefernden Fach-Organisationseinheiten am eigenen Standort auch Organisationseinheiten an anderen Standorten sowie in Tochterunternehmen eines Mutterkonzerns. Für einen Auftrag können dann verschiedene Tochterunternehmen von unterschiedlichen Standorten Komponenten, Bauteile und auch vollständige Systeme liefern, aus denen sich der Gesamtlieferumfang des Auftragnehmers zusammensetzt.

Dem Prozessschritt 1 „Hausstandard definieren“ und dem Prozessschritt 2 „Hausstandard intern und extern kommunizieren“ kommt bereits in der Angebotsphase eine besondere Bedeutung zu.

In Ergänzung zu der Darstellung der Prozessschritte beschreibt der Praxisleitfaden auch die Lieferantenbewertung aus dem Blickwinkel der Organisationseinheit Technische Dokumentation. Eine konsequente Lieferantenbewertung wirkt sich auf die gesamte Prozesskette aus und trägt wesentlich zur Optimierung des Gesamtprozesses bei.

Um den Lesern eine Hilfestellung für das Erstellen eigener prozessorientierter Dokumente zu geben, befinden sich im Anhang Beispiele aus der bewährten Praxis einiger Unternehmen.

4.1 **Schritt 1:** Hausstandard definieren

Jedes Unternehmen hat eine eigene Vorstellung davon, wie die Dokumentation für einen Kunden im Standard aussehen soll. Zudem sollte auch klar definiert sein, für welche Zielgruppe(n) und für welche Aufgabe(n) die jeweilige Dokumentationsteile erstellt werden. Hilfestellung bei der Ausarbeitung bieten insbesondere zwei Normen. Grundsätze und allgemeine Anforderungen an Dokumentationsprodukte beinhaltet die EN IEC/IEEE 82079-1:2020 „Erstellung von Nutzerinformationen für Produkte“. Mit Anforderungen speziell für Maschinenhersteller beschäftigt sich die EN ISO 20607:2019 „Sicherheit von Maschinen – Betriebsanleitung – Allgemeine Gestaltungsgrundsätze“.

Zu der Technischen Dokumentation für die Kunden gehört auch die Integration der Lieferantendokumentation. Die Tiefe der Integration und die Navigation innerhalb der Gesamtdokumentation müssen ebenfalls festgelegt sein. Je tiefer die Integration ist, desto größer ist der Aufwand. Vorschläge zum Thema Integration finden sich im Schritt 8.

Nur wenige Unternehmen haben eine schriftlich fixierte Definition ihres Hausstandards. Wer sich selbst nicht darüber im Klaren ist, was das eigene Unternehmen als Standarddokumentation liefert, kann seinen Lieferanten auch keine klaren Vorgaben dazu machen, was von ihnen erwartet wird. Deshalb muss an erster Stelle ein Hausstandard entwickelt und präzise festgeschrieben werden.

Dazu sind im ersten Schritt die **Dokumentationsprodukte** festzulegen, die geliefert werden. Den Dokumentationsprodukten werden die erforderlichen Liefertermine, die anzusprechenden Zielgruppen, der Publikationsbereich und die einzelnen Dokumente explizit zugeordnet. Genauso sind die Organisationseinheiten im Unternehmen, die die Dokumente erzeugen, zu bezeichnen. Je nach Kundenkreis kann es sinnvoll sein, verschiedene Hausstandards für Kunden aus unterschiedlichen Branchen zu definieren. Weiterhin ist zu überlegen, ob es Dokumentationsprodukte gibt, die in ihrer Ausführung für einen Kunden besonders vorteilhaft sind. Diese können zusätzliche Eigenschaften sein, wie Sprache, Dateiformat, Inhalt usw.

Die Zuordnungen für einzelne Dokumentationsprodukte lässt sich in einfacher Form tabellarisch darstellen. Eine Tabelle im Anhang 3 des Praxisleitfadens dient lediglich als Beispiel, sie muss nach den Anforderungen des Unternehmens individuell erstellt werden.

Im Maschinen- und Anlagenbau ist es unüblich, die komplette Dokumentation auf einmal zu liefern. Jedes Dokumentationsprodukt muss aber zu einem bestimmten Projektstand vorliegen.

Deshalb sind im Hausstandard die erforderlichen **Liefertermine** dem jeweiligen Dokumentationsprodukt zuzuordnen.

Die Festlegung der Zielgruppen hilft bei der Festlegung der erforderlichen Dokumente. Die **Dokumente** sind nicht zwingend und in jedem Fall separate Dokumente. So können zum Beispiel Ersatzteillisten einerseits ein separates Dokument, aber an anderer Stelle Bestandteil einer Bedienungs- oder Wartungsanleitung sein. Ebenso können Zeichnungen zur Ersatzteilliste gehören oder als separate Dokumente vorhanden sein. Als weiteres Beispiel kann die Elektrodokumentation in einem Falle separat erforderlich sein, aufgrund unterschiedlicher Zielgruppen oder aus organisatorischen Gründen zusätzlich noch Bestandteil einer Gebrauchsanleitung sein.

Der Aufwand für die Erstellung der Dokumentationsprodukte richtet sich danach, wie spezifisch die einzelnen Dokumentationen für den Endkunden sind. Wenn z. B. eine separate handlungsbezogene Instandhaltungsdokumentation zu liefern ist, bedeutet das, dass alle Dokumentationen auf diesen Informationsgehalt hin durchsucht, ausgewertet und auf Vollständigkeit geprüft werden müssen. Das ist eine eigenständige aufwändige Engineering-Leistung, die in der Kalkulation zu berücksichtigen ist.

Ein weiterer Aspekt können Dokumentationsprodukte sein, die in ihrer Ausführung für einen Kunden besonders vorteilhaft sind. Das sind zusätzliche Eigenschaften, wie Sprache, Dateiformat, Inhalt usw. Für den Vertrieb bieten solche zusätzlichen Eigenschaften die Option, die Kundenfreundlichkeit des eigenen Unternehmens herauszustreichen oder auch einen Mehrpreis durchzusetzen.

Sind alle Festlegungen zu den Dokumentationsprodukten getroffen, kann der Hausstandard weitere Kriterien enthalten. Es ist zu überlegen, ob Merkmale wie Dateiformate, Ausgabemedien, Anzahl der gelieferten Papierdokumente, Sprachen etc. im Hausstandard geregelt oder ob sie später in der Spezifikation projektabhängig beschrieben werden sollen.

Jedes Unternehmen muss für sich selbst festlegen, welche Spezifikationen durch den Hausstandard erfüllt sind und welche Anforderungen beispielsweise projektbezogen sind. Die projektbezogenen Anforderungen sollten im Vertrag gesondert definiert und gegebenenfalls bepreist werden (siehe auch Schritt 3).

Bei der Definition eines Hausstandards für Dokumentationsprodukte sind nicht zuletzt auch die Vorgaben des unternehmenseigenen Corporate Designs (CD) zu berücksichtigen. Dokumentationsprodukte sind ein Teil des Unternehmens und Marketingkommunikation. Dieses Verständnis unterstützt die Organisationseinheit Dokumentation dabei, sich aktiv im Unternehmen zu positionieren.

Ist ein Hausstandard eindeutig definiert, so müssen in den folgenden Schritten lediglich die Abweichungen und die über den Hausstandard hinausgehenden Anforderungen betrachtet werden.

4.2 **Schritt 2:** Hausstandard intern und extern kommunizieren

Damit der definierte Hausstandard wirksam werden kann, ist es erforderlich, ihn extern und intern zu kommunizieren.

Die folgende Abbildung enthält beispielhaft interne Organisationseinheiten und externe Partner. Sie erhebt keinen Anspruch auf Vollständigkeit.

Gruppe	Interne Organisationseinheit	Externe Partner
1	Vertrieb Projektierung Auftragsleitung	Kunde Consultant Konsortialpartner
2	Einkauf	Lieferant (Vertrieb) Fremdfertiger/verlängerte Werkbank
3	Montage Inbetriebnahme	Kontraktor
4	Konstruktion	Fremdfertiger/verlängerte Werkbank
5	Entwicklung	Forschungseinrichtungen Benannte Stellen
6	Dokumentation	Lieferant (Dokumentation) Fremdfertiger/verlängerte Werkbank (Dokumentation) Dienstleister Dokumentation
7	Beauftragter für das Zusammenstellen der Technischen Unterlagen	Marktaufsichtsbehörde

Abbildung 5: Interne Organisationseinheiten und externe Partner nach Gruppen

Es ist sinnvoll, sieben verschiedene Gruppen zu unterscheiden:

▶ Gruppe 1

Bereiten Sie den Hausstandard für die Organisationseinheiten Vertrieb, Projektierung und Auftragsleitung so auf, dass den betreffenden Mitarbeitern Textbausteine und Beispieldokumente für Angebote, Verträge und Spezifikationen sowie für Gespräche mit dem Kunden zur Verfügung stehen. Die Informationen sollten in aufeinander abgestimmten Dokumenttypen bereitgestellt werden. Einige Beispiel dazu sind im Anhang dargestellt.

- Textbausteine für Angebots- und Vertragsdokumente, die Textbausteine können allgemeingültig formuliert sein
- Dokumentenlisten (s. Anhang 5) – um Fehlinterpretationen vorzubeugen, ist es ratsam, für Benennung der Dokumente eine Norm heranzuziehen
- Beispieldokumente
- Dokumentationsprodukte mit zusätzlichen Eigenschaften.

▶ Gruppe 2

Die Einkaufsabteilung sollte den eigenen Hausstandard präsent haben, um den Lieferanten die geforderten Standards transparent zu machen. Daraus leitet sich ab, wie die Dokumentation des Lieferanten ausgeführt sein muss, um in das Gesamtkonzept zu passen. Das ist besonders dann wichtig, wenn es sich um einen neuen Lieferanten handelt. Genauso muss der Vertrieb des Lieferanten seinem Kunden den eigenen Hausstandard präsentieren. Das, was der Lieferant als Standard anzubieten hat, muss den Dokumentations-Anforderungen des Kunden gegenübergestellt werden. Dabei ist klar herauszuarbeiten, was zu welchem Preis und Termin geliefert werden kann und wo nur Kompromisse möglich sind. Solche Kompromisse sind bei Komponentenlieferanten die Regel.

▶ Gruppe 3

Für die Adressaten der Gruppe 3 steht die Dokumentation für die Baustelle im Vordergrund. Dabei handelt es sich meist um eine Teilmenge der gesamten Technischen Dokumentation. Darüber hinaus können zusätzlich Detailzeichnungen erforderlich sein, die nur einem begrenzten Nutzerkreis zugänglich sind, um das Know-how des Unternehmens zu schützen.

▶ Gruppe 4, Gruppe 5

Alle Organisationseinheiten in der Lieferkette der Unterlagen, die sich mit Aufgaben der Konstruktion, der Forschung und Entwicklung beschäftigen, müssen darüber informiert sein, welche Dokumente für die verschiedenen Dokumentationsarten erforderlich sind. Nur so können sie termingerecht ihre Dokumente bereitstellen. Die Praxis zeigt, dass die Technische Dokumentation häufig nicht ausgeliefert werden kann, weil Unterlagen von den zuständigen Organisationseinheiten erst noch erzeugt oder bearbeitet werden müssen.

▶ Gruppe 6

Externe Zulieferer müssen in ausreichender Detailtiefe die Anforderungen an die Technische Dokumentation kennen, die zur Erfüllung des Auftrages erforderlich ist.

▶ Gruppe 7

Der Beauftragte für das Zusammenstellen der Technischen Unterlagen kann anhand des Hausstandards einen Teil der Technischen Unterlagen beschreiben.

▶ Aufbereitung

Der Hausstandard muss in digitaler Form für alle Zielgruppen zur Verfügung stehen. Da der Umfang der Dokumente erheblich sein kann, ist eine dynamische Navigationsstruktur mit Navigations- und Anzeigefenstern zu empfehlen.

▶ Schutz von Know-how

Es muss klar definiert sein, wer welche Dokumente herausgeben darf, um das **Know-how** des eigenen Unternehmens zu schützen.

▶ Regelmäßige Revision

Da die Dokumente eines Unternehmens genau so wenig statisch sind wie die Produkte, ist es erforderlich, den Hausstandard regelmäßig zu überprüfen und zu überarbeiten.

4.3 Schritt 3: Vertrag analysieren

Im Anlagenbau ist es gängige Praxis, dass der Endkunde einen Generalunternehmer mit dem Errichten einer Produktionsanlage beauftragt. Die Vorgaben des Endkunden und/oder die seines Generalunternehmers können sich auf die Dokumentation der gesamten Lieferkette durchschlagen. Lieferanten und Unterlieferanten wären dann gleichermaßen betroffen. Eine ausführliche Vertragsanalyse hinsichtlich der Dokumentationsanforderungen ist deshalb dringend geboten. Erst die genaue Kenntnis der vertraglichen Anforderungen ermöglicht es bei Vergabeverhandlungen mit Lieferanten, die Vorgaben richtig und vollständig zu formulieren und weiterzugeben. Diese Regel gilt ohne Ausnahme auch für die Dokumentation. Ein Kriterienkatalog erleichtert die systematische Vertragsanalyse. In diesem Katalog sollten auch die Grenzen der technischen Machbarkeit des eigenen Unternehmens stehen.

Generell sollte das beschaffende Unternehmen seinen Hausstandard (siehe Schritt 1) allen Lieferanten mitteilen. Nur dann haben sie eine präzise Anforderung für die von ihnen zu liefernde Dokumentation.

Neben den gesetzlichen und normativen Anforderungen sind gerade auch vertragliche Vereinbarungen mit einem Auftraggeber, die vom Hausstandard abweichen, maßgeblich für die Vorgaben, die den Lieferanten des eigenen Unternehmens zu machen sind. Solche Vereinbarungen können sein:

- Separate Aufbauanleitungen (Erection Manuals), insbesondere im Anlagenbau üblich
- gewünschte Liefersprachen, z. B. generell in Deutsch, jedoch davon abweichend die Wartungsanleitung zusätzlich in Englisch
- die Berücksichtigung spezieller Anforderungen, z. B. explosionsgeschützte Ausführung von elektrischen Bauteilen
- die Berücksichtigung spezieller Vorschriften, z. B. Zertifikate für Geräte bei Aufstellung von Anlageteilen in einer Zone mit Explosionsrisiko
- spezielle Formate, z. B. nordamerikanische Papierformate (nach ANSI- bzw. CSA-Normen) oder 2D-/3D-Zeichnungen im Dateiformat DXF

Im Folgenden sind mögliche Inhalte eines Vertrages zwischen dem Maschinen- und Anlagenbauer (Auftragnehmer) und seinem direkten Kunden (Auftraggeber) beispielhaft aufgeführt und erläutert, die zu Problemen bei der Abwicklung führen können.

Definitionen

Wichtige Begriffe und Abkürzungen müssen definiert sein, z. B. Inhalte von Zeichnungen und Plänen, aber auch Benennungen wie Equipment, Systemlieferant, Komponentenlieferant, Data Book, BOM. Unterschiedliche Auffassungen ziehen immer Diskussions- bzw. Erklärungsbedarf nach sich. Die Erfahrung zeigt, dass dies nicht selten zu Missstimmung zwischen den Vertragsparteien führt.

Technisch nicht erfüllbare Vertragsinhalte

Teilweise stehen in dem Vertrag zwischen Auftraggeber und Auftragnehmer Vereinbarungen, die sich als nicht erfüllbar herausstellen. Ein Beispiel ist die Forderung nach vom Hausstandard des Auftragnehmers abweichenden Datei-Formaten. Solche Forderungen sollte der Vertrieb vor der Abwicklung mit dem Kunden besprechen und nach Kompromissen suchen, bevor die Dokumentationsanforderungen an die Lieferanten des Auftragnehmers formuliert werden.

Widersprüchliche Forderungen im Vertrag

Wenn Spezifikationen von Endkunden und Vertragskunden ungeprüft hintereinander gefügt werden, ist es möglich, dass in dem Vertrag zwischen Auftraggeber und Auftragnehmer widersprüchliche Forderungen hinsichtlich der Dokumentation stehen. In einem solchen Fall muss der Vertrieb des Auftragnehmers vor Beginn der Abwicklung auf jeden Fall für Eindeutigkeit sorgen.

Aufwändig zu erfüllende Vertragsinhalte

Mitunter enthalten Verträge standardisierte Forderungen, die für den Auftraggeber nicht unbedingt notwendig sind, aber zu einem hohen Aufwand bei der Erstellung der Dokumentation führen. Auch solche Forderungen sollten vom Vertrieb des Auftragnehmers vor der Abwicklung mit dem Auftraggeber besprochen werden. Dann ist noch Zeit nach Kompromissen zu suchen, bevor die Dokumentationsanforderungen an die Lieferanten des Auftragnehmers formuliert werden.

Nebenvertragliche Absprachen mit Lieferanten des Auftragnehmers

Oft vergessen werden nebenvertragliche Absprachen, die mit langfristigen Lieferanten bestehen und nur der Einkaufsabteilung bekannt sind und die den vertraglichen Vereinbarungen zur Dokumentation mit dem Auftraggeber widersprechen können. Solche Absprachen müssen allen Beteiligten vor den Vergabegesprächen bekannt sein.

Termine

Ecktermine sind zunehmend mit Vertragsstrafen oder auch mit Zahlungsvereinbarungen gekoppelt. Bei der Vertragsanalyse ist penibel zu prüfen, ob und unter welchen Bedingungen diese Termine eingehalten werden können. Ein besonderes Augenmerk ist dabei auf festgelegte Arbeitsabläufe zu richten, die sich in ihrer Reihenfolge nicht beliebig vertauschen lassen. So können z. B. Prüfprotokolle nicht vor dem Prüftermin erstellt und geliefert werden. Auch die Bedienungsanleitung einer Sondermaschine kann nicht vor Fertigstellung und Abnahme der Maschine selbst vollständig sein. Die Kenntnis der Ecktermine ist Voraussetzung für die Festlegung der Liefertermine der Lieferantendokumentation.

Kennzeichnungssystem

Im Anlagenbau ist es gängige Praxis, dass der Endkunde oder der Vertragskunde ein spezifisches Kennzeichnungssystem benutzt, das technische Objekte und deren Dokumentation umfasst. Das kann ein normiertes System (z. B. RDS-PP – Reference Designation System for Power Plants, bis 2007: KKS-System) oder ein kundenspezifisches Anlagenkennzeichnungssystem sein. Der Lieferant kann von Anfang an die von ihm zu erstellenden Dokumente mit der entsprechenden Kennzeichnung (in der Regel eine Dokumentnummer) versehen, wenn er frühzeitig über das Kennzeichnungssystem informiert ist. Diese Information sollte idealerweise Bestandteil der Bestellung des Auftraggebers sein oder in einem entsprechenden Nachtrag zur Bestellung aufgeführt werden. Die Forderung nach der Einhaltung eines Kennzeichnungssystems kann sich auch auf Komponenten beziehen, die in Dokumenten beschrieben sind.

Terminologie

Die Übernahme von definierten Bezeichnungen für Maschinen und Ausrüstungen kann vertraglich vereinbart sein. Ebenso ist es möglich, dass die Verwendung von bestimmten Bezeichnungen für Maschinen und Ausrüstungen vertraglich untersagt ist. Solche Forderungen sind nur mit Verwendung von Terminologieverwaltung sicher zu erfüllen. Diese müssen den Lieferanten und den Redakteuren des eigenen Unternehmens für die Erstellung der Dokumentation vorliegen. Das Einpflegen von kundenspezifischen Benennungen in eine Dokumentation ist in der Regel sehr zeit- und kostenintensiv. Gerade bei Verwendung eines Redaktionssystems können terminologische Änderungen neue Textmodule erforderlich machen, ebenso wie einen neuen Publikationsalgorithmus.

Gliederung der Dokumente

Fordert der Vertrag mit dem Auftraggeber eine besondere Gliederung der Dokumentation, z. B. in Montage-, Wartungs- und Benutzerdokumentation, so ist es oft nicht möglich, diese Forderung an alle Lieferanten durchzureichen. Insbesondere Komponentenlieferanten berücksichtigen solche Unterteilungen nach Nutzergruppen in ihrer Dokumentation in der Regel nicht. Auch diese Forderungen sollte der Vertrieb des Auftragnehmers mit dem Vertragspartner besprechen und nach Kompromissen suchen.

Sprache

Die vertragliche Forderung hinsichtlich der sprachlichen Ausführung für die Dokumentation ist zunächst daraufhin zu prüfen, ob sie den gesetzlichen Anforderungen des Landes entspricht, in dem das Produkt in Verkehr gebracht werden soll. Neben den bekannten gesetzlichen Vorschriften innerhalb der Europäischen Union, z. B. durch die Maschinen-Richtlinie bzw. -Verordnung, kann es auch nationale Vorschriften geben, die den vertraglichen Vereinbarungen übergeordnet sind. Das können die Gesetze zum Schutz der Nationalsprache sein wie in Frankreich und Polen oder die Vorgaben der EAC-Konformitätsbewertung für die Eurasische Wirtschaftsunion. Es ist durchaus üblich, dass die vertraglich geforderten Sprachen für unterschiedliche Dokumentationsarten voneinander abweichen. Die Sprache für die Betriebsanleitung kann z. B. eine andere sein als diejenige für die Montagedokumentation, wenn sich die Zielgruppen unterscheiden. Ersatzteillisten von Lieferanten werden häufig vom Auftraggeber in eine Gesamt-Ersatzteilliste eingearbeitet, so dass eine Übersetzung möglicherweise erst für die Gesamtliste erfolgt.

Dateiformate

Bei der Forderung des Auftraggebers, die Dokumentation in editierbaren Dateiformaten (DWG/AUTOCAD, DOC/MS Word usw.) zu erhalten, sind zwei Aspekte relevant. Die Herausgabe von editierbaren Zeichnungsformaten kommt in vielen Fällen einer Know-how-Weitergabe gleich und sollte deshalb von Lieferanten berechtigt abgelehnt werden. Textdokumente aus der Technischen Redaktion werden nicht immer mit allgemein verbreiteten Office-Programmen erstellt, Dateiformate wie z. B. DOC sind dann nicht ohne Weiteres verfügbar. Zudem können verschiedene Softwareversionen zu Konvertierungsproblemen führen. Das übliche Standard-Austauschformat ist gegenwärtig PDF. Für die Dokumentation auf mobilen Endgeräten hat sich XML als Austauschformat etabliert.

Metadaten

Wenn Informationseinheiten in eine Datenbank oder in ein Redaktionssystem (automatisch) eingepflegt werden, sind dazu Metadaten erforderlich. Metadaten beschreiben die Informationseinheit eindeutig und ermöglichen es, sie zu identifizieren.

Zulässige Software

Wenn Lieferantendokumentation zwingend in die Gesamtdokumentation integriert werden muss, sollte dem Lieferanten der Editor vorgeschrieben werden. Vor der Auftragsvergabe ist sicherzustellen, dass der Lieferant das erforderliche Softwareprogramm zur Verfügung hat oder beschafft. Auf Grund fehlender Aktualisierungsläufe können in Spezifikationen von Auftraggebern veraltete Software-Programme oder Versionen genannt sein. Um Missverständnisse zu vermeiden, sollte der Vertrieb des Auftragnehmers eine Klarstellung herbeiführen.

Prüfung /Freigabe durch Vertragskunde

Ist im Vertrag zwischen Auftraggeber und Auftragnehmer ein Freigabeprozess auch für solche Dokumente festgelegt, die von Lieferanten des Auftragnehmers beizustellen sind, so muss der erforderliche Workflow mit diesen Lieferanten im Vergabegespräch geregelt und in der Bestellung aufgeführt werden.

Verstöße gegen geltendes Recht

Unter keinen Umständen darf geltendes Recht ignoriert, missachtet oder vernachlässigt werden. Öffentliches Recht, sprich die Gesetze, können durch das Vertragsrecht nicht ausgehebelt werden!

Das Ergebnis der Vertragsanalyse muss in schriftlicher Form festgehalten werden. Dazu eignet sich ein standardisiertes firmenspezifisches Formular, eine sogenannte Abweichungsliste (deviation list, s. auch Anhang 6). In diesem Formular werden alle Details des Vertrages festgehalten, deren Erfüllung vom Hausstandard abweicht. Forderungen, die mit Mehraufwand zu erfüllen sind, werden genauso erfasst wie solche, die nicht erfüllbar sind. Die Punkte der Abweichungsliste muss der Vertrieb des Auftragnehmers mit dem Auftraggeber nachverhandeln. Kompromisse, die eventuell aus der Nachverhandlung des Vertriebs hervorgehen, werden ebenfalls in die Abweichungsliste eingetragen.

Aus der Abweichungsliste lassen sich die Anforderungen spezifizieren, die an die Lieferanten des Auftragnehmers hinsichtlich der Dokumentation gestellt werden, Beispiel siehe Anhang.

Um Missverständnisse zu vermeiden, ist es durchaus sinnvoll, die Organisationseinheiten der Technischen Dokumentation von Auftraggeber und Auftragnehmer an den Vergabegesprächen zu beteiligen, insbesondere dann, wenn es sich um neue Lieferanten oder außergewöhnliche Vertragsvorgaben handelt.

Teilweise scheitern Lieferanten an der rechtlich sicheren Erstellung der benötigten Dokumente. Daher sollte der Auftraggeber im eigenen Interesse dem Lieferanten bei der Erstellung Hilfe leisten oder Kontakt zu einem Dienstleister herstellen, der für den Lieferanten die erforderliche Dokumentation erstellt.

4.4 **Schritt 4:** Anforderung für Lieferantendokumentation spezifizieren

Hersteller, die in der Branche Maschinen- und Anlagenbau angesiedelt sind, haben in der heutigen Zeit eine Fertigungstiefe, die unter 100 % liegt und überwiegend sogar deutlich niedriger als dieser Wert ist.

Tritt ein Engineering-Dienstleister (Projektierungsbüros) als Generallieferant auf, geht die Fertigungstiefe auf null zurück. Er verfügt in der Regel nicht über eine eigene Fertigung. Er kauft sämtliche Komponenten zu, um sie zu einem Gesamtsystem zusammenzufügen.

Jeder Lieferant, der dokumentationspflichtige Komponenten oder Systeme beschafft, um seinen vertraglichen Lieferumfang zu bekommen, muss sich mit der Dokumentation seiner Lieferanten beschäftigen. Er ist gut beraten, wenn er die Anforderungen an die Dokumentation seiner Lieferanten spezifiziert und in schriftlicher Form festhält (s. Anhang 7).

Im Idealfall hat der Lieferant einen Hausstandard ausgearbeitet und die vertraglich mit seinem Kunden vereinbarte Spezifikation der Dokumentation trifft diesen Hausstandard.

Hausstandard versus Lieferantenstandard

In seinem Hausstandard hat ein Auftragnehmer definiert, nach welcher Spezifikation er die Dokumentation an seinen Kunden liefert. Um diese Spezifikation erfolgreich umzusetzen, muss bereits die Dokumentation seiner Lieferanten, also der Unterlieferanten im Gesamtprojekt, definierte Anforderungen erfüllen. Der Auftragnehmer muss also bei seiner Lieferantenauswahl den Aspekt Dokumentation mitberücksichtigen. Die Anforderungen, die allgemeingültig sind, können in einem Dokumentationsstandard für Lieferanten zusammengefasst sein. Dieser Dokumentationsstandard ist ein Äquivalent zum Hausstandard, wobei nun der Lieferant in der Rolle des Kunden gegenüber dem Komponenten- oder Systemlieferanten ist.

Darüber hinaus ist ein solcher Lieferantenstandard besonders sinnvoll, wenn ein Auftragnehmer wiederkehrend gleiche oder gleichartige Produkte beschaffen muss. Dann muss die Dokumentation nicht bei jeder Vergabe wieder neu verhandelt werden.

Leicht nachvollziehbar ist, dass der Hausstandard sich nicht 1:1 in eine Spezifikation für einen Lieferanten umsetzen lässt. Die Anforderungen an die zugelieferte Dokumentation sind in erster Linie abhängig von der Produktart. So sind Dokumentationsumfang und -tiefe eines einfachen Messfühlers (Komponente) deutlich geringer als z. B. bei einem Großgetriebe oder einer Palettierstation (System). Ein weiteres Kriterium für die Spezifikation ist die Art und Weise, in der die Dokumentation eines Lieferanten in die Dokumentation eines Kunden integriert wird. Eine geplante inhaltliche Integration stellt andere Anforderungen als die Integration von einzelnen Dateien in ein digitales Gesamtwerk. Das Herunterbrechen des Hausstandards auf die Dokumentation der Lieferanten kann im Ergebnis nur ein Formblatt oder auch ein umfangreiches mehrseitiges Schriftstück sein.

Die Spezifikation für die Lieferantendokumentation sollte so klar und einfach wie möglich verfasst sein, ohne dabei die erforderlichen Details zu vergessen. Das gilt für die Darstellung ebenso wie für die Verständlichkeit und Handhabung. Nur so ist eine breite Akzeptanz bei allen beteiligten Parteien zu erreichen.

Ein solcher Lieferantenstandard schafft einen klaren Sachverhalt zwischen Kunde und Lieferant. Er trägt zu einer wirtschaftlichen und effizienten Zusammenarbeit von Auftraggeber und Auftragnehmer bei.

Darüber hinaus kann ein solcher Lieferantenstandard ein wichtiger Baustein im Qualitätssicherungssystem sein und bereits bei der Lieferantenauswahl und der Auditierung eines Lieferanten mit zur Bewertung herangezogen werden.

Projektbezogene Spezifikation

Weicht die vertraglich mit dem Kunden vereinbarte Spezifikation vom Hausstandard des Lieferanten ab, ist es Aufgabe des Lieferanten, die Abweichungen für seine eigenen Lieferanten in eine entsprechende Spezifikation zu fassen.

Bei einer projektbezogenen Spezifikation ist es erforderlich, dass die Verantwortlichen aus der Organisationseinheit Dokumentation die Informationen aus dem Vertrag erhalten. Sie müssen diese Informationen produkt- und lieferantenspezifisch aufbereiten und an die Einkaufsabteilung weiterleiten. Die Einkaufsabteilung gibt diese Spezifikation mit der Bestellung an den Lieferanten weiter. Alternativ können die Inhalte dieser Spezifikation in die eigentliche Bestellung eingearbeitet werden.

Die folgenden Angaben sollten in der projektbezogenen Spezifikation für Komponenten- und Systemlieferanten enthalten sein:

- Projektnummer/Projektname
- eindeutige Dokumentennummer, Version und Benennung
- Dokumentenarten
- Termine (pro Dokument)
- Nummerierungssystem
- Sprachen pro Dokumentenart, Angabe mit Länderschlüssel, nach Norm ISO 639-1:2002
- Liefermedium (Papier und/oder elektronisch)
- Dateiformate (PDF, DXF, ...) und Druckformate (DIN A4, Letter, gefaltet, gelocht, ...)
- Anzahl pro Medium (Papier und/oder elektronisch)
- ein- oder mehrfarbig
- bei Ersatzteilkatalogen oder Ersatzteillisten die Kennzeichnung der Verschleißteile bzw. die Lieferung von Verschleißteillisten
- Material- und Prüfzertifikate, Bescheinigungen, Erklärungen, usw.
- Dokumentationserstellung gemäß den relevanten Richtlinien (z. B.: EU-Richtlinien und -Verordnungen, nationale Richtlinien)
- Dokumentationserstellung gemäß den anzuwendenden Normen (z. B.: Produktnormen, EN IEC/IEEE 82079-1:2020, ANSI-Standard Z535.6, EN ISO 20607:2019)
- Metadaten für die Kennzeichnung von Dokumenten

4.5 **Schritt 5:** Lieferantendokumentation nach Spezifikation bestellen

Der Dokumentationsbedarf für die Zulieferkomponente oder das Zuliefersystem wurde nun hinreichend analysiert und spezifiziert.

Die Inhalte der Technischen Dokumentation sind in den einschlägigen Regelwerken festgelegt. Bei grundsätzlichen Fragen zu Inhalten kann die IEC/IEEE 82079-1:2019 Erstellung von Nutzungsinformationen (Gebrauchsanleitungen) für Produkte – Teil 1: Grundsätze und allgemeine Anforderungen, herangezogen werden.

Sinnvoll ist die Unterscheidung von Komponentenlieferanten und Systemlieferanten. Der Umfang der Dokumentation für eine einzelne Komponente, die lediglich eingebaut, aber nicht bedient oder gewartet werden muss, ist wesentlich geringer als z. B. die Dokumentation eines kompletten Systems.

Genauso kann der Dokumentationsaufwand einer baulich kleinen Komponente erheblich sein, wenn sie Systemcharakter hat und umfangreich parametriert, gesteuert und überwacht werden muss. Bewährt haben sich in diesem Zusammenhang unterschiedliche Formulare und Checklisten für Komponentenlieferanten und Systemlieferanten.

Vor der Bestellung müssen die benötigten Dokumente anhand der Vorgaben und Erfordernisse von Hausstandard und Vertrag festgelegt werden:

- unterschiedliche Inhalte/Schwerpunkte der Dokumentation bei Produkten, die der Maschinenrichtlinie unterworfen sind, z. B. für vollständige und unvollständige Maschinen
- Geräte, die der Niederspannungsrichtlinie unterworfen sind
- Geräte, die der EMV-Richtlinie unterworfen sind
- Dokumentation für Druckbehälter, Rohrleitungsbau, Wärmetauscher
- Erforderliche Material- und Prüfzertifikate

In der Regel erfolgt heute die Bestellung aus einem Materialwirtschaftssystem, von denen eine große Anzahl am Markt vertreten ist. Welches System der Kunde (Auftraggeber) im Einsatz hat, ist unerheblich, der kleinste gemeinsame Nenner aller Systeme ist der Artikel mit seiner Artikelnummer. Jeder Kunde bestellt mit seiner Bestellnummer und seinen Artikelnummern bei einem Lieferanten (Auftragnehmer).

Der Lieferant bestätigt die Auftragsannahme mit seiner Auftragsnummer und seinen Artikelnummern dem Auftraggeber. Wenn der Auftragnehmer die Artikelnummer des Auftraggebers für seine Dokumente übernimmt, kann der Auftraggeber die Dokumente direkt seinen Projekten zuordnen.

Die nachfolgende Aufstellung kann sicher nicht als generelle Vorlage für alle Anwendungen gelten, sie gibt aber wesentliche Inhalte eines Bestelltextes wieder. Jedes Unternehmen wird einzelne Punkte verändern, zusätzliche Punkte aufnehmen oder Punkte streichen. Die Umsetzung in einen eindeutigen Bestellvorgang liegt im Interesse von Auftraggeber und Lieferant.

Folgende Angaben sollten deshalb wesentlich bei der Bestellung von Dokumentation (s. auch Anhang 7, 8, 9) sein:

- Artikelnummer (des Auftraggebers)
- Firmenname (des Auftraggebers)
- Angabe der Bestellposition
- Projektnummer, Auftragsnummer, Maschinennummer oder andere geeignete Angaben zur eineindeutigen Zuordnung
- Kurzbezeichnung des zu liefernden Dokumententyps
- Versionsstand bzw. Lieferstand
- Liefertermin
- Medium (Papier, Datenträger, E-Mail)
- Formate (DIN Ax, gefaltet, gelocht, gerollt)
- Länderschlüssel bzw. erforderliche Sprache
- Anzahl der gedruckten Exemplare
- Artikelnummer vom Kunden, evtl. mit Kurzbezeichnung der Hersteller-Firma
- Metadaten zu Dokumenten
- Lieferadresse
- Weitere ...

Alles muss bestellt werden, nichts kommt „von allein“!

Bei vereinbarten Lieferungen von verschiedenen Versionsständen (preliminary, as-built, final) sollte prinzipiell eine Versionskennzeichnung der Dokumente vereinbart werden. Diese sollte möglichst bereits im Dateinamen und auf der Titelseite der Lieferantendokumentation zu erkennen sein. Während die Autoren für den Versionsstand „preliminary" eine einheitliche Auslegung kennen, haben sie in ihrer Berufspraxis für der Versionsstände „as-built" und „final" verschiedene bis gegensätzliche Auslegungen kennengelernt. Eine Ursache kann die unterschiedliche Perspektive einzelner Lieferanten auf das gesamte Projekt sein. Vor diesem Hintergrund empfehlen die Autoren eine schriftliche Begriffsklärung.

In der Bestellung sollte auch die Dokumentenabnahme definiert sein, z. B. sollte ein Zahlungsrückbehalt (Pönale) vereinbart werden, analog zu den vertraglichen Bedingungen, die der Auftragnehmer gegenüber seinem Kunden eingegangen ist.

Die Organisationseinheit Einkauf kann somit die Lieferantendokumentation zielgerichtet bestellen. An einem Praxisbeispiel im Anhang ist dargestellt, wie sich der Bestellvorgang für Lieferantendokumentation standardisieren und automatisieren lässt.

4.6 **Schritt 6:** Auftragsbestätigung kontrollieren

Zu den Aufgaben der Organisationseinheit Einkauf gehört es, die Auftragsbestätigung der Lieferanten zu prüfen. Dabei kommt es häufig vor, dass vermeintliche „Kleinigkeiten" aus der Bestellspezifikation übersehen werden. Dazu zählen auch die Anforderungen an die Technische Dokumentation.

Dass der Lieferant in der Auftragsbestätigung Bestandteile der Bestellung ausblendet, also nicht bestätigt, ist kein Einzelfall. Zum Teil passiert dies aus Unkenntnis, teils aber ganz bewusst, wenn ein Teil der Bestellung nicht so wie bestellt oder nur zu höheren Kosten geliefert werden kann. Dieses gilt oftmals auch für die Lieferantendokumentation. Oft wird z. B. in der Auftragsbestätigung eine eher seltene Sprache gestrichen, deren Übersetzung der Lieferant separat beschaffen müsste. Bei eventuellen Nachforderungen des Kunden kann sich der Lieferant dann immer auf seine Auftragsbestätigung berufen.

Wird eine Abweichung zwischen Bestellung und Auftragsbestätigung nicht beanstandet, können weitreichende Probleme die Folge sein:

- Der Lieferant weigert sich, fehlende Bestandteile kostenlos nachzuliefern und der Maschinen- und Anlagenbauer muss auf eigene Kosten fehlende Dokumentationen oder Übersetzungen erstellen. Das ist nicht nur aus Kosten- und Termingründen problematisch, sondern kann auch haftungsrechtliche Konsequenzen haben.
- Aufgrund der nicht oder einer zu spät erfolgten Lieferung können Termine gegenüber dem Endkunden nicht gehalten werden. Verzugspönalen können die Folge sein.

Die zuständigen Mitarbeiter der Organisationseinheit Einkauf müssen die Auftragsbestätigung Punkt für Punkt mit der Dokumentationsbestellung vergleichen. Dafür müssen diese Mitarbeiter sensibilisiert werden. Idealerweise unterstützt die Organisationeinheit Dokumentation dabei. Bei Abweichungen muss sofort eingegriffen und die Auftragsbestätigung reklamiert werden.

Ein praktikabler Weg, um Lieferanten über Mängel zu informieren, wäre ein standardisiertes digitales Formular, das man in einem Mailing-Programm (z. B. MS Outlook, oft-Format) bereitstellt.

Die terminliche Verfolgung des Bestellprozesses erfolgt normalerweise innerhalb der Organisationeinheit Einkauf. Die Organisationeinheit Dokumentation sollte Zugriff auf die Liefertermine der Dokumentation haben. Das gibt ihr die Möglichkeit, frühzeitig einzugreifen.

4.7 **Schritt 7:** Dokumentation kontrollieren

Das Projektmanagement wird in der Technischen Dokumentation oft stiefmütterlich behandelt. Ein Dokumentationsprojekt kann von der Technischen Dokumentation nur dann fachlich erfolgreich abgewickelt werden, wenn es geplant, gesteuert und kontrolliert wird. Ein wichtiger Erfolgsfaktor in einem Dokumentationsprojekt ist die Terminverfolgung. Termintreue ist für eine gute Kunden-Lieferanten-Beziehung sehr wichtig und kann ein K.O.-Kriterium sein.

Terminverfolgung

Nachdem die Dokumentation bei den Lieferanten beauftragt wurde, müssen die vereinbarten Termine schriftlich festgehalten und verfolgt werden. Bei großen Dokumentationspaketen von Systemlieferanten kann es sinnvoll sein, Teillieferungen zu vereinbaren, um eine kontinuierliche Bearbeitung zu ermöglichen und einen Engpass bei der Bearbeitung zu vermeiden. Die Terminverfolgung muss regelmäßig bis zum Eintreffen der Lieferung stattfinden, nur so kann rechtzeitig korrigierend eingegriffen werden. Das ist insbesondere dann erforderlich, wenn die Lieferung in Teillieferungen zu unterschiedlichen Terminen erfolgt. Dabei geht schnell der Überblick verloren.

Für die Terminverfolgung gibt es am Markt eine Vielzahl mehr oder weniger professioneller Programme. Wenn im Unternehmen bereits Termine in einem System verwaltet werden, kann oft mit geringem Aufwand darauf aufgesetzt und um die dokumentationsrelevanten Daten erweitert werden. Die wesentlichen Daten lassen sich aber auch als „stand alone"-Lösung mit einer einfachen Tabelle verfolgen und beliebig erweitern.

Auftrag-Nr.	Lieferant	Dokumente	Sprache(n)	ausgelöst	SOLL-Termin	Eingang	über	Bemerkung	WE-Buchung	€ netto
XXX.X.XX01	FIRMA_A	Technische Doku + Anleitung	DE, IT	21.02.2022	27.05.2022	26.05.2022	E-Mail	I.O.	27.05.2022	3000,00
XXX.X.XX01	FIRMA_B	Inspection&test plan	DE, EN	22.02.2022	03.05.2022	20.05.2022	E-Mail	Sprache EN fehlt		
XXX.X.XX02	FIRMA_C	Technische Doku + Anleitung	EN	22.02.2022	27.05.2022	25.05.2022	Server	I.O.	25.05.2022	700,00
XXX.X.XX01	FIRMA_B	Technische Doku + Anleitung	DE, EN, ZH	24.02.2022	10.06.2022					
XXX.X.XX03	FIRMA_C	Technische Doku + Anleitung	EN	04.03.2022	31.05.2022					
XXX.X.XX04	FIRMA_D	Technische Doku + Anleitung	DE, NO	04.03.2022	27.05.2022	30.05.2022	Server	PDFs ohne Navigation		

Abbildung 6: Einfache Tabelle zur Terminverfolgung

Um die Terminverfolgung zu erleichtern und kritische Termine auf einen Blick zu erfassen, kann eine farbliche Kennzeichnung und, wenn programmtechnisch möglich, auch ein automatischer Farbumschlag verwendet werden. Ein einfacher Farbcode kann sein:

- BLAU: unkritischer Termin
- ROT: Fälligkeit innerhalb der nächsten X Tage bzw. Termin überschritten
- GRÜN: Lieferung erhalten

Durch die Verwendung eines Farbcodes ist stets auch der Terminstatus des gesamten Auftrags transparent. Zusätzlich kann mit einer tabellarischen Terminverfolgung die Termintreue der Lieferanten analysiert werden.

Wareneingangskontrolle

Die Wareneingangskontrolle ist ein weiterer wichtiger Baustein im Projektmanagement der Technischen Dokumentation. Nur mit dem entsprechenden fachlichen Hintergrund kann eine Wareneingangskontrolle in der erforderlichen Qualität durchgeführt werden. Das bedeutet, dass ausnahmslos die Mitarbeiter der Organisationseinheit Technische Dokumentation dies für die dokumentationsrelevanten Dokumente tun sollten.

Im Zeitalter der digitalen Informationsübertragung ist ein Wareneingang in Papierform gerade bezüglich der Technischen Dokumentation nicht mehr verbreitet. Die Lieferung von Dokumenten und ganzen Dokumentationen erfolgt oft per E-Mail oder über FTP-Server, direkt an die Organisationseinheit Technische Dokumentation. Um die Wege kurz zu halten, sollten aber auch Lieferungen in Papierform und auf Datenträger direkt an die Organisationseinheit Technische Dokumentation erfolgen.

Wenn die Bearbeitung und Integration der Dokumentation eines Lieferanten erst zu einem Termin erfolgt, der deutlich hinter dem Liefertermin liegt, sollte bei Eintreffen der Dokumente zumindest eine formale Erstkontrolle erfolgen, die abklärt, ob die wesentlichen Kriterien für die korrekte Dokumentation gegeben sind. Wenn erst Wochen oder Monate nach Lieferung eine Kontrolle erfolgt, ist die Zahlung häufig schon freigegeben und eine Reklamation der Dokumentation schwierig bis unmöglich.

Identifikation

Die wichtigste Voraussetzung für eine Wareneingangskontrolle ist die eindeutige Identifikation und Zuordnung der Dokumentation zum Produkt. Der Lieferant kann das sicherstellen durch die Angabe der Bestellnummer bzw. Auftragsnummer seines Auftraggebers, die Angabe seiner Produkttype, der Materialnummer oder anderer spezifischer Angaben. Um Fehler in der Identifizierung zu vermeiden, die durch Zahlendreher leicht entstehen können, empfiehlt sich die Angabe von mindestens zwei eindeutigen Merkmalen. Der Auftraggeber zieht für die Identifizierung die Bestellspezifikation (Schritt 5) heran.

Quantität, Qualität

In der Bestellspezifikation (Schritt 5) finden sich sowohl die Anforderungen an die Quantität als auch an die Qualität der Dokumentation des Lieferanten. Kriterien für die Qualität der Dokumentation sind im klassischen Sinne Vollständigkeit, Aufbau, Gliederung und Lesbarkeit.

Es kann eine erweiterte Wareneingangskontrolle in der zuständigen Niederlassung des Bestimmungslandes erforderlich sein. Damit wird sichergestellt, dass das Dokument ebenfalls den landestypischen Anforderungen des Bestimmungslandes gerecht wird. Eine Wareneingangskontrolle mit positivem Ergebnis stellt die Übereinstimmung der Lieferung mit der Bestellspezifikation fest.

Sachliche Richtigkeit

Eine Prüfung auf sachliche Richtigkeit (inhaltliche Prüfung) kann der Redakteur nicht leisten. Das ist ausschließlich die Aufgabe der Kollegen in den technischen Fachabteilungen. Allenfalls kann er auf offensichtliche sachliche Mängel hinweisen und die Unterlagen zur Prüfung an die Fachabteilung weiterleiten.

Wenn Korrekturen erforderlich sind, müssen diese vom Lieferanten geleistet werden, vor Auslieferung der Dokumentation an den Endkunden. Der Endkunde sollte auf jeden Fall ein fehlerfreies Dokument erhalten. Besonders bei sicherheitsrelevanten Inhalten ist diese Vorgehensweise anzuraten.

Die sachliche Richtigkeit einer Dokumentation liegt ausschließlich in der Verantwortung des Lieferanten des zugeordneten Produkts.

Reklamation

Wird bei der Wareneingangskontrolle eine Abweichung von der Bestellspezifikation festgestellt, muss dies umgehend erfasst und in Form einer Reklamation dem Lieferanten mitgeteilt werden.

Die Reklamationserfassung (z. B. durch einen 4D-Report) sollte folgende Angaben enthalten:

- Fehlerbeschreibung
- Fehlerursache
- Sofortmaßnahme
- Korrekturmaßnahme

Diese standardisierten Erfassungen werden benötigt, um durch eine Auswertung Fehlerschwerpunkte auszumachen, die anschließend minimiert oder sogar beseitigt werden können.

Aufgrund einer berechtigten Reklamation wird analysiert, welche Informationen in der Bestellung übermittelt worden sind, dazu gehören u. a. Formate, Sprachen, Menge, Standort nach Lieferung der Ware, terminliche Vorgaben; Warenbild, technische Details. Das Ergebnis liefert eine Aussage über die Fehlerursache. Anschließend sind geeignete Korrekturmaßnahmen festzulegen.

Freigabe der Lieferantendokumentation

Letzter Teilschritt bei der Kontrolle der Dokumentation ist die Freigabe. Sie kann erst erfolgen, wenn die Wareneingangskontrolle erfolgreich beendet ist. Damit sind auch eventuelle Nach- oder Neulieferungen aufgrund einer Reklamation eingeschlossen.

Die Freigabe sollte, wie alle anderen Prozessschritte auch, in schriftlicher Form erfolgen. Das kann im einfachsten Fall ein Eintrag in der Tabelle für die Terminverfolgung sein, aber genauso in einer Checkliste für die Wareneingangskontrolle oder in einem übergeordneten separaten Formular erfolgen (s. auch Anhang 10).

Digitalisierung des Kontrollprozesses

In vielen der Unternehmen mit einer bereits ausgeprägten horizontalen Digitalisierung (siehe auch Kapitel „Rahmenbedingungen“) wird der Austausch von Dokumenten und Daten bereits auf einer Kollaborationsplattform abgewickelt. Damit lassen sich vordefinierte Prozesse und Benachrichtigungsmechanismen einsetzen, um Bewertungen, Korrekturanforderung oder sogar Zurückweisungen von Lieferantendokumentation effizienter durchzuführen. Die Identifikation der Dokumente erfolgt über definierte Metadaten. Diese enthalten unter anderem die Bestellnummer des Auftraggebers, eine eindeutige Dokumentnummer oder den eindeutigen Bezug zu einem Bauteil oder einer Baugruppe.

Wenn die Organisationseinheit Technische Dokumentation in den Freigabeprozess für Zahlungen eingebunden ist, erhält die Lieferung der korrekten Dokumentation durch den Lieferanten einen viel höheren Stellenwert.

Die Freigabe einer Zahlung oder Teilzahlung erfolgt erst dann, wenn auch die Dokumente korrekt vorliegen und die Freigabe erfolgt ist. Ein solcher Freigabe-Prozess lässt sich in ERP-Systemen einfach abbilden.

4.8 **Schritt 8:** Dokumentation integrieren

Zugriff auf Informationen

Ein entscheidendes Kriterium für den Endkunden ist neben der Qualität der Dokumentation der einfache und schnelle Zugriff auf Informationen zu einem Bauteil, einer Baugruppe oder Maschine. Inwieweit der Systemintegrator dazu die Dokumentation von Lieferanten in seine eigene Dokumentation integrieren muss, hängt davon ab, um was für ein Produkt und um welche Branche es sich handelt.

Auf jeden Fall muss der Systemintegrator gewährleisten, dass der Endkunde ein Navigationsinstrument zur Verfügung hat, um an Informationen zu gelangen. In einer umfangreichen Dokumentation verwendet man in der Regel Querverweise, um Redundanzen und Kosten zu vermeiden. Das bedeutet in einer Papierdokumentation sehr mühsames Blättern, in einer elektronischen Dokumentation ist das über Links elegant lösbar und kann durch eine Volltextsuche ergänzt werden.

Besonders im Großanlagenbau erfolgt die Navigation üblicherweise über ein Schlüssel- oder Nummernsystem (Tags), das entweder der Endkunde oder der Gesamtlieferant vorgibt. In vielen Fällen gibt es sogar beide Systeme parallel. Als Beispiel sei hier das RDS-PP – Reference Designation System for Power Plants (bis 2007: KKS-System) genannt, das für die Dokumentation im Kraftwerksbau in der EN 61355-1:2009 „Klassifikation und Kennzeichnung von Dokumenten für Anlagen, Systeme und Ausrüstungen – Teil 1: Regeln und Tabellen zur Klassifikation" (IEC 61355-1:2008) normiert ist.

Branche

Im Großanlagenbau ist es durchaus üblich, dass mehrere Konsortialpartner die verschiedenen Teile der Anlage erstellen oder der Kunde selbst bestimmte Anlagenteile erstellt oder Baugruppen wie z. B. Antriebe zukauft. In solchen Fällen muss der Kunde selbst oder ein von ihm beauftragter Dritter die Integration der Dokumentation übernehmen.

Bei nicht so umfangreichen Anlagen, die „schlüsselfertig" geliefert werden, wird der Endkunde eine stärkere Integration erwarten.

Im Maschinenbau wird oft eine Vielzahl von Komponenten und Teilsystemen vom Maschinenhersteller zugekauft. Die EN ISO 20607:2019 „Sicherheit von Maschinen – Betriebsanleitung – Allgemeine Gestaltungsgrundsätze" trifft Aussagen für den Umgang mit Informationen der entsprechenden Lieferanten des Maschinenherstellers.

Zielgruppe

Wie schon eingangs erwähnt, wird der Integrationsgrad nicht nur vom Produkt selbst, sondern auch maßgeblich von der Zielgruppe und deren Aufgaben bestimmt.

Bei komplexen Anlagen wird die Instandhaltung von einem speziell ausgebildeten Instandhaltungsteam organisiert und durchgeführt. Dieses Team erstellt aus den Lieferantendokumentationen, die sich auf umfangreiche Unterlagen verteilen, ein eigenes Instandhaltungshandbuch. Ein hoher Integrationsgrad seitens des Lieferanten ist in diesem Fall nicht unbedingt erforderlich.

Für Generalisten, die als Bediener von Maschinen auch für die Instandhaltung verantwortlich sind, ist für den schnellen Zugriff auf Informationen ein entsprechend höherer Integrationsgrad notwendig.

Wirtschaftlichkeit

Wie jedes andere Produkt unterliegt auch die Technische Dokumentation wirtschaftlichen Anforderungen. Das bedeutet, dass sie auch verkauf- und bezahlbar sein muss. Mit dem Integrationsgrad steigen auch die Kosten. Bei Serienprodukten kann z. B. eine Vollintegration wirtschaftlich vertretbar sein. Im Sondermaschinenbau ist dies in der Regel nicht der Fall.

Copyright/Haftung

Bei der Lieferantendokumentation handelt es sich um geistiges Eigentum, das nicht ohne Weiteres von anderen verwendet und weiterverarbeitet werden darf. Grundsätzlich ist deshalb die Erlaubnis des Lieferanten erforderlich, Inhalte oder ganze Passagen seiner Dokumentation zu übernehmen. Das muss in schriftlicher Form erfolgen.

Werden dann Passagen aus der Lieferantendokumentation integriert, werden diese Passagen zu Inhalten der eigenen Dokumentation. Das Haftungsrisiko für den Inhalt der integrierten Passagen dieser Dokumentation geht damit auf den Ersteller über. Um dieses Risiko auszuschließen, muss der Lieferant eine Unbedenklichkeitsbescheinigung für die Passagen ausstellen, die seiner Originaldokumentation entnommen und in einen anderen Zusammenhang gestellt worden sind. Dazu muss der Lieferant die Inhalte der Gesamtdokumentation prüfen, die sich auf sein Produkt beziehen. Diese Vorgehensweise ist mit hohem Aufwand für beide Seiten verbunden, der normalerweise nicht kalkuliert ist. Der Lieferant wird nicht bereit sein, diesen zusätzlichen Aufwand ohne Bezahlung auf sich zu nehmen.

Das Haftungsrisiko steigt nochmals, wenn die Dokumentation mit den integrierten Inhalten noch übersetzt werden muss. Auch für diese Übersetzung haftet der Gesamthersteller und muss sich auch dafür das schriftliche Einverständnis einholen.

Technik

Neben den juristischen Herausforderungen gibt es aber möglicherweise auch noch solche technischer Natur. Denn viele Lieferanten liefern keine editierbaren Formate oder schützen ihre Dateien so, dass die Integration rein technisch sehr mühsam und aufwändig wird, insbesondere dann, wenn viele Grafiken (möglicherweise mit Texten) und Tabellen zu integrieren sind.

Auf der Basis dieser Vorüberlegungen muss sich der Gesamtlieferant für die Art und Weise entscheiden, wie er die Lieferantendokumentation integriert. Dabei sind vier Lösungsansätze denkbar und praktikabel.

Arten der Integration

Der Maschinen- und Anlagenhersteller ist gefordert, ausgerichtet auf die Zielgruppe/Zielgruppen die Informationen aus der Lieferantendokumentation in die eigene Dokumentation (Technische Dokumentation / Betriebsanleitung) zu integrieren. Hier sind verschiedene Lösungsansätze denkbar und praktikabel.

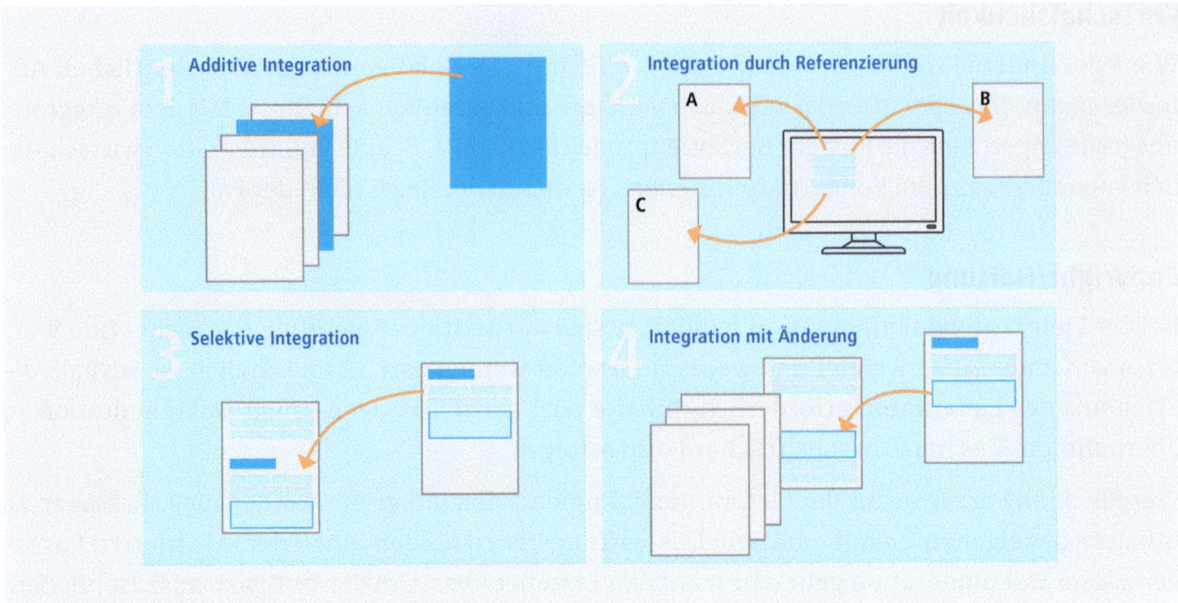

Abbildung 7: Arten der Integration – Schritt 8

Additive Integration

Die Integration der Lieferantendokumentation erfolgt durch Beilegen der Dokumente im Anhang, Dabei verweist der Hersteller in seiner Dokumentation an den erforderlichen Stellen auf die Lieferantendokumentation. Das kann ein allgemeiner Querverweis sein, z. B. „siehe Lieferantendokumentation" oder es handelt sich um einen konkreten Querverweis auf ein spezielles Dokument (Tag-Nummer, Bezeichnung) oder um einen Fundort (Ordner, Register). Bei einem konkreten Querverweis auf einen Fundort besteht die Gefahr, dass er nach Änderungen oder Aktualisierungen nicht mehr gültig ist.

Integration durch Referenzieren

Bei der Integration durch Referenzieren verweist der Hersteller in seinem Dokument auf entsprechende Stellen (Fundorte) in den Dokumentationen seines Lieferanten. Die Referenzierungen sind wesentlich präziser als bei der additiven Integration. Sie führen den Nutzer direkt zu Informationen an einer definierten Stelle, z. B. in einem Ordner, in einem Kapitel, auf einer Seite, in einem Absatz.

Üblicherweise wird Technische Dokumentation in der heutigen Zeit als Papierausdruck und parallel in digitaler Form, z. B. auf Datenträger oder über ein Kundenportal, geliefert. Deshalb müssen Referenzierungen so ausgeführt sein, dass der Bezug bei beiden Medien sicher herzustellen ist.

Besondere Aufmerksamkeit ist bei umfangreichen Papier-Dokumentationen erforderlich. Der Nutzer hat in seiner Arbeitssituation nicht immer Zugriff auf die gesamte Dokumentation. Aus der Referenzierung muss er eine leicht erkennbare und genaue Information über den Ort erhalten, an dem er ein weiteres Dokument findet. Nur dann kann er sich im Vorfeld ausreichend vorbereiten.

Die Systematik der Referenzierung sollte am Anfang der Bearbeitung festgelegt werden. Erfahrungsgemäß müssen Referenzierungen während der Abwicklung wiederholt nachgeführt werden. Bei dieser Art der Integration ist die Gefahr sehr groß, dass nach einer Aktualisierung die Informationen nicht mehr stimmen.

Selektive Integration

Bei der selektiven Integration werden ausgewählte Passagen der Lieferantendokumentation unverändert übernommen, z. B. für das Erstellen einer Wartungsdokumentation. Dabei sind die rechtlichen Konsequenzen unbedingt zu beachten (siehe Haftung/Copyright).

Diese Art der Integration ist mit hohem Aufwand in der Technischen Redaktion verbunden. Sie lässt sich nur dann effizient erreichen, wenn die relevanten Textpassagen separat und in editierbaren Dateiformaten bestellt und geliefert werden.

Integration mit Änderungen

Wie bei der selektiven Integration werden auch bei der Integration mit Änderungen ausgewählte Textpassagen und Inhalte der Lieferantendokumentation übernommen. Allerdings unterliegen diese Inhalte einer Änderung, sie werden dem Verwendungszweck des Herstellers angepasst. Das können Ergänzungen in Zeichnungen sein, um den Lieferzustand des Endproduktes darzustellen, oder die Vorgabe eigener Parameter/Grenzwerte für Software.

Auch bei der Integration mit Änderungen sind die rechtlichen Folgen (siehe Haftung/Copyright) zu beachten.

Integration über ein Dokumentenmanagementsystem (DMS) oder Enterprise Resource Program (ERP)

Sind alle Dokumente in einem Dokumentenmanagement oder ERP verfügbar, so ist es möglich, über entsprechende Meta-Informationen zur Funktion eines Dokuments oder zu seiner Zugehörigkeit zu einer Baugruppe eine Referenzierung automatisiert zu erstellen und auch zu aktualisieren.

Es können dabei allerdings nur ganze Dokumente referenziert werden. In einer umfangreichen Anlagendokumentation ist das aber trotzdem eine große Hilfe zum Auffinden des gesuchten Dokuments. Außerdem senkt eine solche Vorgehensweise die Kosten für die Erstellung und Aktualisierung einer Dokumentation ganz erheblich. Das Pflegen von Meta-Daten erweist als lohnende Investition.

Falls das im Unternehmen vorhandene ERP-bzw. DMS-System keine Funktion zum Zusammenstellen der Dokumentation hat, lassen sich die Dokumente und Meta-Daten in der Regel über eine Schnittstelle exportieren und mit auf dem Markt verfügbaren Tools aufbereiten und strukturieren.

Je nach Art der Dokument-Formate ist eine Umwandlung der Dokumente in ein Standard-Format wie PDF als Zwischenschritt erforderlich.

5. Lieferantenbewertung

Die Dokumentation ist Bestandteil des Produktes und muss daher ebenfalls Bestandteil der Lieferantenbewertung sein. Das Erstellen der Dokumentation im Maschinen- und Anlagenbau erfolgt oft sehr spät in der Auftragsabwicklung. Zu diesem Zeitpunkt lassen sich Fehler bei der Beschaffung nicht mehr wirtschaftlich korrigieren.

Alle Anforderungen an die Dokumentation sind nach Prozessschritt 4 definiert. Diese Anforderungen sollten in die Auswahl der geeigneten Lieferanten berücksichtigt werden.

5.1 Kriterien

Die Kriterien der Lieferantenbewertung sind im Großen und Ganzen deckungsgleich mit den Kriterien, die bei jeder typischen Lieferantenbewertung zum Tragen kommen. Aus Sicht der Organisationseinheit Technische Dokumentation sind folgende Aspekte besonders zu berücksichtigen:

- Kompetente Ansprechpartner für Technische Dokumentation
- Termintreue
- Qualität der Technischen Dokumentation

Qualität lässt sich definieren als die „Gesamtheit von Merkmalen (und Merkmalswerten) einer Einheit bezüglich ihrer Eignung, festgelegte und vorausgesetzte Erfordernisse zu erfüllen“ (EN ISO 8402) oder vereinfacht ausgedrückt: Qualität ist die Erfüllung der Anforderungen.

Qualitätsmerkmale können sein: lieferbare Dokumentenarten, vorhandene Datenaustauschprogramme, eingesetzte Software zum Erstellen der Technischen Dokumentation oder angewendete Normen.

5.2 Lieferantenauswahl

Bei der Auswahl von Lieferanten stehen die Kriterien, die sich aus der Technischen Dokumentation ableiten, sicherlich nicht im Vordergrund. Allen Beteiligten muss aber klar sein, dass eine mangelhafte Qualität der Lieferantendokumentation hohe nicht kalkulierte Kosten verursachen kann. Hier steht die Organisationseinheit Technische Dokumentation in der Pflicht, auf mögliche Risiken wenigstens hinzuweisen.

Ein durchaus relevantes Kriterium bei der Lieferantenauswahl für das Unternehmen ist die Zertifizierung nach ISO 9001.

5.3 Regelmäßige Bewertung

Die Bewertung der Zusammenarbeit mit einem Lieferanten zeigt die Qualität seiner Dokumentation zu einem bestimmten Zeitpunkt. Diese Einstufung muss jedoch nicht dauerhaft sein. Änderungen der Zuständigkeiten, Organisationsänderungen oder Änderungen der Firmenpolitik beim Lieferanten können Gründe dafür sein, dass sich die Qualität ändert. Deshalb muss eine Bewertung in regelmäßigen Abständen durchgeführt werden, und zwar über die gesamte Dauer der Zusammenarbeit mit einem Lieferanten.

Die Bewertungskriterien können sich während dieser Zeit ändern und müssen vor jeder Bewertung erneut analysiert und festgelegt werden.

Das Bewertungssystem muss einfach und leicht handhabbar sein. Damit steigt die Akzeptanz bei den Personen, die die Bewertung vornehmen.

Die mit Lieferanten befassten Organisationseinheiten, in erster Linie der Einkauf, müssen immer über das Ergebnis der Bewertung unterrichtet werden. Gemeinsam sollte eine Auswertung erfolgen und Maßnahmen abgeleitet werden. Das kann z. B. ein Gespräch mit dem Lieferanten sein, um einen Qualitätsmangel zu beheben.

5.4 Lieferantenentwicklung

Die Organisationseinheit Technische Dokumentation wird immer auch mit Lieferanten zusammenarbeiten müssen, die den Qualitätsanforderungen an die Technische Dokumentation nicht oder nur teilweise genügen. Ein Lieferantenwechsel kommt aber nicht in Frage, wenn technische oder einkaufspolitische Gründe dagegensprechen. In dieser Situation kann die Organisationseinheit Technische Dokumentation „Entwicklungshilfe“ leisten, indem sie den Lieferanten selbst unterstützt oder geeignete Dienstleister vermittelt. Es muss aber eindeutig festgelegt sein, dass die Verantwortung für die Lieferantendokumentation immer und ausschließlich beim Lieferanten ist und dort bleibt.

Die allgemeinen Instrumente der Lieferantenbewertung, angewendet auf die Lieferantendokumentation, ermöglichen ein wirtschaftliches Erstellen der Technischen Dokumentation auf dem erforderlichen Qualitätsniveau. Ein Beispiel für eine Bewertungstabelle bezogen auf Lieferantendokumentation befindet sich im Anhang 11.

6. Bestellvorgang für Lieferantendokumentation standardisieren und automatisieren

Es ist sehr aufwändig, die Anforderungen an die Lieferantendokumentation für jede Ausrüstung und jeden Auftrag einzeln zu spezifizieren. Um eine solche Spezifikation zu erstellen, gibt es grundsätzlich zwei Möglichkeiten, zwischen denen sich der Auftraggeber entscheiden kann. Er kann eine allgemein gültige Spezifikation nehmen, die sich gleichermaßen auf alle Ausrüstungen bezieht, seien es nun Komponenten oder komplexe Systeme. Das bedeutet häufig, mehrseitige groteske Anforderungen an Lieferanten zu stellen, die einfache oder wenig komplexe Standardkomponenten liefern. Solche unzutreffenden und überbordenden Anforderungen führen dazu, dass sie nicht ernst genommen und letztlich vom Lieferanten einfach ignoriert werden.

Dabei geht es nicht nur um die Dokumente, die Bestandteil der Benutzerinformation (externe Technische Dokumentation) sind, sondern auch um die Dokumente für die interne Technische Dokumentation. Die interne Technische Dokumentation umfasst die Dokumente, die für den internen Engineering-Prozess erforderlich sind, z. B. Maßblätter oder Einbauerklärungen zu den zu integrierenden Komponenten. Die Montagehinweise werden in vielen Unternehmen von einzelnen Fachabteilungen sogar separat angefordert z. B. von der Organisationseinheit Elektro- oder mechanische Montage. Diese unterschiedlichen Kommunikationskanäle mit einem Lieferanten erschweren einen geordneten kontrollierbaren Lieferantenprozess für die Dokumentationslieferung.

Um keine überbordenden Anforderungen zu stellen, benötigt man eine höhere Treffsicherheit. Diese erhält man, wenn man zwischen Komponenten und Systemen unterscheidet und unterschiedliche Vorlagen für diese beiden Arten von Zulieferausrüstungen erstellt. Dann stellt sich allerdings immer die Frage, was noch Komponente und was schon System ist. Das kann je nach Bestellumfang beim Lieferanten und je Auftrag variieren.

Generelle Anforderungen an Lieferantendokumentation werden in der Regel der eigentlichen Bestellung als Anlage hinzugefügt.

Ein zweiter, sehr aufwändiger Weg besteht darin, mit jedem Lieferanten für jeden Auftrag einzeln die Anforderungen an die Lieferantendokumentation festzulegen und schriftlich zu fixieren. Dieser Vorgang ist in der Regel nicht mit einem einzigen Gespräch abgeschlossen, sondern erfordert einen hohen Kommunikationsaufwand zwischen Vertrieb des Lieferanten, Einkauf des Auftraggebers und den Verantwortlichen für die Technische Dokumentation in beiden beteiligten Unternehmen. Das ist im Großanlagenbau ein möglicher Weg, ist aber bei den Unternehmen ökonomisch nicht vertretbar, die zahlreiche Aufträge abwickeln.

6.1 Automatisierung: Standardspezifikation im Enterprise-Resource-Planning (ERP)

Es gibt aber eine weitere Möglichkeit, bei der man zwar einen erhöhten Aufwand bei der Spezifikation hat, aber dieser Aufwand entsteht nur ein einziges Mal und danach sind nur noch die Datenpflege im Standard und wenig aufwändige Anpassungen an besondere Auftragsanforderungen erforderlich.

Um den Prozess Bestellung – Terminverfolgung – Eingangskontrolle – Wareneingangsbuchung weitgehend zu automatisieren, bieten sich die Funktionen an, die ein Enterprise-Resource-Planning (ERP) bereithält, mit dem die Mehrzahl der großen Unternehmen bereits arbeitet. Eine Kernfunktion von ERP-Systemen ist die Materialbedarfsplanung, die sicherstellen muss, dass alle für die Herstellung der Produkte und Komponenten erforderlichen Materialien an der richtigen Stelle, zur richtigen Zeit und in der richtigen Menge zur Verfügung stehen. Das betrifft auch die Lieferantendokumentation.

Das zentrale Objekt bei diesem Lösungsansatz ist das „Material". Material steht für die Bausteine, aus denen im Maschinenbau, und insbesondere im Anlagenbau, die Produkte entstehen. Ein Material ist z. B. eine Pumpe, ein Messfühler oder ein komplettes System wie etwa eine Wasseraufbereitungsanlage. Je geringer die Fertigungstiefe eines Unternehmens ist, desto höher ist die Zahl der Komponenten, die von Lieferanten bezogen werden und umso höher sind die Anforderungen an die Lieferantendokumentation. Zudem steigt mit zunehmendem Material der Umfang der Lieferantendokumentation.

Im ERP-System ist der Materialstamm der Träger der Information. Die genaue Ausprägung eines Materials erfolgt durch die Spezifikation in einem Dokument, das mit dem Material für den Auftrag angelegt und der Bestellung hinzugefügt wird (s. auch Anhang 12).

6.2 Datenbasis aus 3 Bausteinen

Für die Anforderungen an die Lieferantendokumentation besteht die Lösung darin, die Anforderungen aus drei Bausteinen miteinander zu verknüpfen:

- Standard im Materialstamm
- Anforderungen aus dem Auftrag
- Standard-Anforderungen an Lieferantendokumente als Teil der allgemeinen Bestellanforderungen

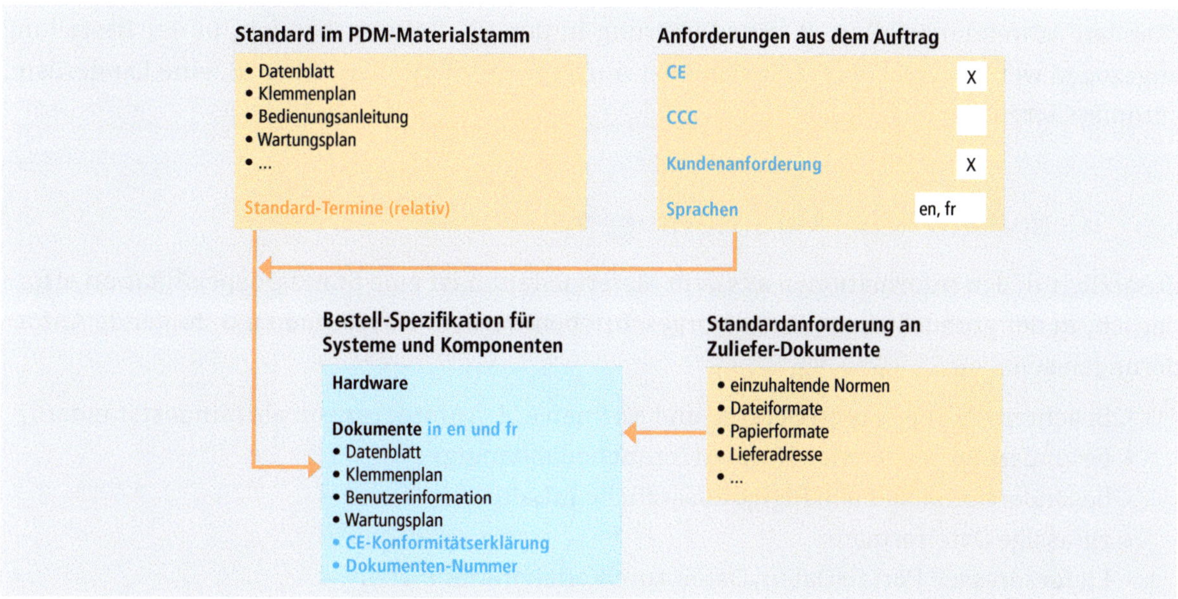

Abbildung 9: Beziehung zwischen drei Bausteinen für die Lieferantendokumentation

6.3 Standarddokumente

Der Auftraggeber weiß genau, welche Dokumente er von seinen Lieferanten für seine Prozesse und die Benutzerinformation benötigt. Das Material kennt standardmäßig alle Einzeldokumente, die in jedem Auftrag erforderlich sind. In Abb. 9 sind das ein Datenblatt, ein Klemmenplan, die Bedienungsanleitung und ein Wartungsplan. Je nach Komplexität der Komponente oder des Systems können das unterschiedlich viele erforderliche Dokumente sein. Jedem dieser zu liefernden Dokumente wird bereits standardmäßig ein relativer Termin (mitgegeben, z. B. 6 Wochen nach Bestellung oder 8 Wochen vor Lieferung der Komponente oder des Systems.

Von entscheidender Bedeutung ist, dass pro Material immer dieselben Dokumente und relativen Termine definiert sind. Damit die Bezeichnung der Dokumente immer identisch ist, sollte man zunächst eine Gesamtliste aller möglichen Dokumente für alle Materialien (= System und Komponenten) erstellen. Mit dieser Gesamtliste werden die technischen Experten im Unternehmen konfrontiert, sie sollen die jeweils relevanten Dokumente aussuchen. Wenn man diese Experten in verschiedenen Bereichen eines Unternehmens direkt nach den erforderlichen Dokumenten fragt, so wird man erfahrungsgemäß jeweils eine andere Bezeichnung für identische Dokumente bekommen und muss dann zunächst terminologisch tätig werden.

6.4 Auftragsbezogene Dokumente und Anforderungen

Zu den Dokumenten, die in allen Aufträgen erforderlich sind, kommen diejenigen, die sich je nach Auftrag aus den gesetzlichen Bestimmungen der Aufstellorte (Wirtschaftseinheit oder Verwenderland) ergeben. Im Beispiel ist das die Europäische Union, für die eine Einbau- oder Konformitätserklärung mitzuliefern ist und wo im Fall wie in Abbildung 9 die Sprachen Englisch und Französisch vom Kunden gefordert werden.

Dazu kommen Dokumente, die außerhalb des Hausstandards auf Kundenanforderung hin zu liefern sind oder besondere Anforderungen wie etwa einheitliche Dokumenten-Nummern. Diese Dokumente sollten standardmäßig zu jedem Material definiert sein, aber nur für den entsprechenden Anwendungsfall, z. B. eine Lieferung in den CE-Geltungsbereich, in der Bestellung angezogen werden. Auch das lässt sich über Auftragsinformationen, wie z. B. eine Länderliste, automatisieren.

6.5 Grundsätzliche Anforderungen

Zusätzlich zu den Informationen aus dem Materialstamm ist eine Standardspezifikation erforderlich, in der grundsätzliche Dinge vorgeschrieben werden. Das können u.a. folgende Anforderungen sein

- Beachten der relevanten Gesetze und Normen (CE-Anforderungen als Mindeststandard)
- besondere zu beachtende Normen (branchenabhängig)
- besondere branchenabhängige zusätzliche Inhalte
- zulässige Dateiformate
- Lieferadresse / Portal-Daten, Daten zum Kollaborations-Tool

Die Standardspezifikation sollte in verschiedene Sprache übersetzt sein. Zusammen mit den geeignet gestalteten Inhalten lässt sich die Standardspezifikation dann weltweit für den globalen Einkauf verwenden. Die Standards – gesetzt in den CE-Richtlinien, harmonisierten Normen und ISO-Normen – dürften die Anforderungen der meisten außereuropäischen Länder mehr als erfüllen. In der Regel sind diese Standardspezifikationen Teil der allgemeinen Einkaufsbedingungen.

Entsprechend müssen auch die Materialtexte im ERP-System in den erforderlichen Fremdsprachen vorliegen.

6.6 Prozess

Die oben beschriebenen drei Bausteine zur Definition der zu liefernden Dokumente und deren Lieferterminen werden zusammengeführt, sobald ein Material als Baustein in einem Auftrag einmal oder mehrfach verwendet wird. Als Erstes wird der Auftrag analysiert und die zusätzlich zum Hausstandard erforderlichen Dokumente im ERP eingetragen. Technisch gesehen kann das über das Klassensystem des ERP oder eine zusätzlich definierte Tabelle im ERP erfolgen. Die Verwendung einer zusätzlichen Tabelle ermöglicht es, Mehrfachbewertungen und Abhängigkeiten abzubilden, und ist daher flexibler als ein Klassensystem.

Sobald eine Bestellung zu einem solchen Material (z. B. eine Wasseraufbereitungsanlage) erfolgt, werden im Idealfall die erforderlichen Dokumente als Positionen zu dem bestellten Material angelegt. Die nur auftragsbezogen erforderlichen Dokumente sollten möglichst über Auftragsinformationen aus dem ERP-System abgerufen werden und dann ebenfalls automatisch als Positionen in der Bestellung angelegt werden. Das gilt analog für die Information zu den notwendigen Sprachen. Diese Information sollte ebenfalls möglichst aus dem ERP-System abrufbar sein und automatisch als Information in die Bestellung einfließen. An dieser Stelle ist aber auch ein manueller Prozessschritt möglich und dann sinnvoll, wenn die Sprachanforderung nicht für alle Dokumente identisch ist. So genügt für eine Zeichnung möglicherweise Englisch, während für die Benutzerinformation Französisch erforderlich ist. Zusätzlich wird das Standarddokument der Bestellung beigefügt.

Sollten die Standard-Terminszenarien für die Lieferung der Dokumente nicht zu den vertraglichen Anforderungen passen, müssen sie manuell angepasst werden.

Damit ist die Bestellinformation für den Lieferanten vollständig.

Treffen die Dokumente des Lieferanten dann beim Auftraggeber ein, werden sie geprüft und vorläufig oder endgültig freigegeben und die Bestellposition als erfüllt gekennzeichnet. Da in den Unternehmen in der Regel das Vier-Augen-Prinzip gilt, wird der Wareneingang zu einer Bestellposition nicht durch den Einkauf, sondern durch den Verwender (z. B. die Organisationseinheit Dokumentation) bestätigt. Solange der Wareneingang nicht bestätigt ist, ist die Zahlung an den Lieferanten ganz oder teilweise blockiert.

Es gibt Unternehmen, die auch noch die Übersetzung der jeweils erforderlichen Dokumente prüfen oder prüfen lassen, um eine bestmögliche Qualität zu gewährleisten. Das ist aus Sicht des Kunden optimal, allerdings muss eine solche Leistung im Gesamtangebot kalkuliert und im Markt durchsetzbar sein.

Gibt es in dem Unternehmen bereits eine Portal-Lösung oder ein eingesetztes Kollaborations-Tool, so kann die Lieferung der Dokumente und ihre Registrierung im ERP weiter automatisiert werden. Auf jeden Fall muss man sicherstellen, dass der Lieferant einen „Briefkasten“ beim Auftraggeber hat. Das Prinzip SPoC – Single Point of Contact – ist wichtig, damit alle Dokumente über denselben Weg geliefert werden und nicht eines per Mail, das nächste in das Portal und das dritte auf dem Postweg.

6.7 Fazit

Ein solcher Prozess auf der Basis immer gleicher Bausteine hat neben der Automatisierbarkeit den Vorteil, dass die Bestelltexte in allen Sprachen immer gleich sind und nicht je nach sprachlicher Kompetenz und Wortwahl der beteiligten Mitarbeiter variieren. Die unterschiedlichen Benennungen führen nicht selten zu Kommunikationsproblemen zwischen Auftraggeber und Lieferant. Der Aufwand zum Definieren der Dokumente pro Material ist überschaubar, die Anpassung des ERP-Systems hängt von dessen Reifegrad und Konfiguration im jeweiligen Unternehmen ab. Die zu erzielende dauerhafte Einsparung und die Vereinheitlichung des Prozesses lohnen aber den Aufwand in jedem Fall.

7. Über die Autoren

Magali Baumgartner

Über 20 Jahre war Magali Baumgartner in der Technischen Dokumentation tätig, zunächst als Redakteurin und ab 2003 in leitender Funktion mit Verantwortung für das Übersetzungsmanagement und die Normenstelle. Bei der Coperion GmbH sammelte sie sowohl in Stuttgart als auch standortübergreifend vielfältige Erfahrungen im Maschinen- und Anlagenbau. Als Mitglied in Normungsgremien konnte sie ihr Fachwissen immer wieder einbringen. Von 2008 bis 2022 war Magali Baumgartner Mitglied im Erweiterten Vorstand der tekom und dort verantwortlich für das Ressort „Herstellende Industrie". Parallel dazu arbeitet sie in verschiedenen Gremien der tekom mit. Zusammen mit Armin Burry hat seinerzeit sie die Leitung der Arbeitsgruppe „Lieferantendokumentation" übernommen. Seit 2019 ist Magali Baumgartner als Managerin Produktsicherheit tätig.

Michael Leifeld

Michael Leifeld war über 27 Jahre als Technischer Redakteur und Abteilungsleiter bei der thyssenkrupp Industrial Solutions AG tätig. Im Jahr 2007 übernahm er die Leitung der Technischen Dokumentation und der Übersetzungsdienstleistungen am Standort Beckum. Im Zuge der Zusammenführung des Anlagenbaus bei thyssenkrupp koordinierte er die Bereiche Technische Dokumentation, Übersetzungsdienstleistungen und das Dokumentenmanagement an den Standorten Münsterland, Dortmund und Bad Soden. Er ist langjähriges Mitglied des tekom-Beirats für Tagungen. Er ist Mitautor des tekom-Praxisleitfadens Lieferantendokumentation, in den er viele Erfahrungen aus seinem Berufsleben im Anlagenbau eingebracht hat.

8. Glossar

Benennung	Abkürzung	Erklärung	Definition	Herkunft
4-D-Report			Der 4D-Report (4-Dimensions-Report bzw. 4-Dimensionen-Bericht) ist ein Dokument im Qualitätsmanagement zur Bearbeitung von Reklamationen, genauer zur Aufzeichnung und Nachverfolgung von Fehlern. Im Gegensatz zum 8D-Report wird er auch für die schnelle interne Bearbeitung von aufgetretenen Fehlern verwendet. Es ist ein relativ kurzer und prägnanter Bericht, der sich gut dazu eignet, die Fertigung, die Geschäftsführung und ggf. den Kunden schnell und präzise zu informieren.	Wikipedia
Absoluter Termin			Kalendarisch festgelegter Termin	
Anlagenkennzeichnungssystem			Ein Anlagenkennzeichnungssystem (AKS oder AKZ) ist eine branchenübergreifende Festlegung zur Kennzeichnung und Identifikation technischer Systeme, insbesondere von Maschinen und Anlagen.	Wikipedia
Benutzerinformation			Informationen, die vom Anbieter bereitgestellt werden, um der Zielgruppe Konzepte, Verfahren und Referenzmaterialien für die sichere, effektive und effiziente Nutzung eines unterstützten Produkts während dessen Lebenszyklus zur Verfügung zu stellen.	tekom Terminologie
Betriebsanleitung			Anleitung, die den Anwender dazu befähigt, ein Gerät oder eine Maschine so zu betreiben, dass das Gerät oder die Maschine die bestimmungsgemäße Verwendung erfüllt und die Sicherheit und Gesundheit von Personen nicht beeinträchtigt wird.	tekom Terminologie
Bill of Material	BOM	Stückliste	Eine Stückliste bezeichnet eine Auflistung der Zusammensetzung oder Bestandteile eines Produkts.	
Change Management	CM	Veränderungsmanagement	Unter Veränderungsmanagement lassen sich alle Aufgaben, Maßnahmen und Tätigkeiten zusammenfassen, die eine umfassende, bereichsübergreifende und inhaltlich weitreichende Veränderung – zur Umsetzung neuer Strategien, Strukturen, Systeme, Prozesse oder Verhaltensweisen – in einer Organisation bewirken sollen.	Wikipedia
China Compulsory Certification	CCC		Das China Compulsory Certification (CCC) ist ein in der Volksrepublik China gültiges Zertifizierungssystem. Die zertifizierungspflichtigen Produkte dürfen erst nach China importiert, in China verkauft und in Geschäftsaktivitäten in China verwendet werden, nachdem eine CCC-Zertifizierung des Produktes beantragt und erteilt wurde.	Wikipedia
Collaborations Tool			Meist Cloud-basierte Software-Lösung zur Zusammenarbeit von Partnern (Unternehmen, Organisationen, Behörden) mit klar geregelten Zugriffs- und Bearbeitungsregeln, um den Informationsfluss zentral zu steuern, die Verwaltung von Aufgaben und Projekten zu erleichtern sowie den internen und externen Austausch zu fördern.	
Corporate Design	CD		Der Begriff Corporate Design bzw. Unternehmens-Erscheinungsbild bezeichnet einen Teilbereich der Unternehmens-Identität (corporate identity) und beinhaltet das gesamte, einheitliche Erscheinungsbild eines Unternehmens oder einer Organisation.	Wikipedia

Benennung	Abkürzung	Erklärung	Definition	Herkunft
Corporate Identity	CI		Gesamtheit der Merkmale, die ein Unternehmen kennzeichnet und es von anderen Unternehmen unterscheidet.	Wikipedia
Dokument			Ein Dokument besteht aus Informationen auf einem beliebigen Trägermedium. Die zu einem Dokument zusammengefassten Informationen müssen als Gesamtheit erkennbar, zugreifbar und verwendbar sein.	
Dokumentationsarten			Einordnung von Dokumenten in Dokumentengruppen zur leichteren Identifizierung und Verwaltung	
Dokumentationsprodukt			in Abgrenzung zu Dokument, Unterlagen	
Dokumentationsverantwortlicher			Verantwortlicher für die Gesamtzusammenstellung aller Dokumente gegenüber externen Partnern (Kunde, Behörde, Konsortialpartner)	
Dokumenten-Identifikationsnummer	DokID		Eindeutige Idendifikationsnummer (numerisch oder alphanumerisch) eines Dokuments	
Dokumentnummer			Nummer eines Dokuments, das aber auch mehrfach mit dieser Nummer in unterschiedlichen Versionen oder in unterschiedlichen Projekten verwendet werden kann. Zur eindeutigen Identifizierung ist eine eindeutige DokID erforderlich.	
Engineering Procurement Construction Maintenance	EPCM	Detail-Planung und Kontrolle, Beschaffungswesen, Ausführung der Bau- und Montagearbeiten sowie Wartung und Instandhaltung	Engineering, Procurement and Construction, kurz EPC, (zu Deutsch: Detail-Planung und Kontrolle, Beschaffungswesen, Ausführung der Bau- und Montagearbeiten) bezeichnet eine im internationalen Bauwesen und dort speziell im Anlagenbau übliche Form der Projektabwicklung und der dazugehörigen Vertragsgestaltung, bei welcher der Auftragnehmer als Generalunternehmer oder Generalübernehmer auftritt.	
Enterprise Resource Planning	ERP	Planung und Steuerung der Ressourcen des Unternehmens	Enterprise-Resource-Planning (ERP) bezeichnet die unternehmerische Aufgabe, Ressourcen wie Kapital, Personal, Betriebsmittel, Material, Informations- und Kommunikationstechnik und IT-Systeme im Sinne des Unternehmenszwecks rechtzeitig und bedarfsgerecht zu planen und zu steuern. Gewährleistet werden sollen ein effizienter betrieblicher Wertschöpfungsprozess und eine stetig optimierte Steuerung der unternehmerischen und betrieblichen Abläufe.	Wikipedia
externe Technische Dokumentation			Die externe Dokumentation beinhaltet alle Informationen, die an den Kunden herausgehen, wie Bedienungsanleitungen, Montageanleitungen, Warnhinweise und Sicherheitsdatenblätter. Die Informationen müssen an die jeweiligen Zielgruppen angepasst und auf die Begleitumstände wie Umgebungsbedingungen zugeschnitten sein. Neben den Vorgaben aus den gültigen Richtlinien spielen auch Normen oder länderspezifische Besonderheiten bei der Erstellung der externen Dokumentation eine große Rolle.	https://www.ce-con.de/beratung/technische-dokumentation/
Fertigungstiefe			Die Fertigungstiefe (auch Produktionstiefe genannt) ist ein Begriff aus der Wirtschaft und gibt an, welchen Anteil eines Produkts ein Unternehmen selbst herstellt. Je größer die Fertigungstiefe, desto unabhängiger ist ein Betrieb von externen Lieferanten und Dienstleistern.	
GOST	GOST	Übereinstimmungs-Zertifikat	Nicht mehr gültiges System für technische Anforderungen in Russland. Siehe TR.	

Benennung	Abkürzung	Erklärung	Definition	Herkunft
Gulf Cooperation Council	GCC		Der Golfkooperationsrat (GCC) hat im Rahmen seiner Politik zur Förderung des Wirtschaftswachstums seine eigenen Normen und technischen Vorschriften entwickelt, umgesetzt und aktualisiert. Sie sollen die Übereinstimmung von Produkten mit den Sicherheitsvorschriften gewährleisten.	
horizontale Digitalisierung			integrierte Informations- und Warenflüsse vom Lieferanten über das eigene Unternehmen bis hin zum Kunden	Schaffner, tekom-Vortrag, 11/2019
International Commercial Terms	Incoterms		Die Incoterms sind Klauseln, die es den Vertragsparteien ermöglichen, im Rahmen eines Kaufvertrags umfangreiche standardisierte Regelungen über den Leistungsort, weitere Leistungspflichten und den Gefahrübergang zu treffen.	Wikipedia
interne Technische Dokumentation			Die interne Dokumentation umfasst eine Sammlung aller Schaltpläne, technischen Zeichnungen, Prüfprotokolle, Pflichtenhefte, Berechnungen, Nachweise zur Qualitätssicherung und die Ergebnisse der Risikobeurteilung. Eben alle Unterlagen zu einem Produkt/einer Maschine über den gesamten Lebenszyklus hinweg. Diese Unterlagen verbleiben bei dem Hersteller und müssen auf Anfrage vorlegbar sein.	https://www.ce-con.de/beratung/technische-dokumentation/
ISO 9001			Das Qualitätsmanagementsystem nach ISO 9001 ist in den Industriestaaten am stärksten verbreitet. Viele Unternehmen machen die erfolgreiche Zertifizierung nach dem Regelwerk ISO 9001 zur Bedingung für Verträge mit ihren Lieferanten.	Wikipedia
Klassensystem im ERP			Ein Klassensystem hat die Aufgabe, beliebige Objekte mit Hilfe von Merkmalen zu beschreiben und ähnliche Objekte in Klassen zu gruppieren, also zu klassifizieren, um sie anschließend leichter finden zu können.	
Konsortialpartner			Partner in einem Konsortium, einem Unternehmenszusammenschluss mehrerer rechtlich und wirtschaftlich selbstständig bleibender Unternehmen zur zeitlich begrenzten Durchführung eines vereinbarten Geschäftszwecks.	
Lieferkette			In einer weit verbreiteten Definition wird die Lieferkette als das Netzwerk von Organisationen bezeichnet, die über vor- und nachgelagerte Verbindungen an den verschiedenen Prozessen und Tätigkeiten der Wertschöpfung in Form von Produkten und Dienstleistungen für den Endkunden beteiligt sind. Die Lieferkette berücksichtigt somit ein Unternehmen, dessen Zulieferer, die Zulieferer der Zulieferer usw. sowie dessen Kunden, die Kunden der Kunden usw.	Wikipedia
Metadaten			Daten zur Definition eines Dokuments z. B. Dokumentennummer, Version, Reifegrad, Erstelldatum, Autor, Format, Anzahl der Seiten	
Navigation			Das Auffinden von Inhalten in einem Gesamtdokument mit Hilfe einer Struktur von Index, Inhaltsverzeichnis, Hyperlinks oder Suchfunktionen	
Organisationseinheit			Abteilung, Gruppe, Team	

Benennung	Abkürzung	Erklärung	Definition	Herkunft
Pflichtenheft			Das Pflichtenheft beschreibt in konkreter Form, wie der Auftragnehmer die Anforderungen des Auftraggebers zu lösen gedenkt – das sogenannte wie und womit. Der Auftraggeber beschreibt vorher im Lastenheft möglichst präzise die Gesamtheit der Forderungen – was er entwickelt oder produziert haben möchte. Erst wenn der Auftraggeber das Pflichtenheft akzeptiert, sollte die eigentliche Umsetzungsarbeit beim Auftragnehmer beginnen.	Wikipedia
Pönale			Die Vertragsstrafe (auch Konventionalstrafe oder Konventionsstrafe genannt) bezeichnet im Vertragsrecht eine der anderen Vertragspartei verbindlich zugesagte Geldsumme für den Fall, dass der versprechende Schuldner seine vertraglichen Verpflichtungen nicht oder nicht in gehöriger Weise erfüllt.	Wikipedia
Portal			Der Ausdruck Portal (lateinisch porta „Pforte") bezeichnet in der Informatik ein Anwendungssystem, das sich durch die Integration von Anwendungen, Prozessen und Diensten auszeichnet. Ein Portal stellt seinem Benutzer verschiedene Funktionen zur Verfügung, wie beispielsweise Personalisierung, Navigation und Benutzerverwaltung. Außerdem koordiniert es die Suche und die Präsentation von Informationen und soll die Sicherheit gewährleisten.	Wikipedia
Records Management		Schriftgutverwaltung (Aktenführung, -haltung)	Records sind aufbewahrungspflichtige Informationsobjekte, die sich unabhängig vom physischen Format durch ihren Inhalt und ihren Rechtscharakter definieren. So verwaltet das Records Management nicht nur elektronische Dokumente, sondern über Referenzen zum Beispiel auch die Standorte von Aktenordnern. Records Management erlaubt die gemeinsame Verwaltung von physischen und elektronischen Informationen und stellt so eine vollständige Sicht auf alle zusammengehörigen Daten und Dokumente dar. Records Management kümmert sich nicht nur um Aufbewahrungsfristen, sondern sorgt auch für die kontrollierte Entsorgung nicht mehr gültiger oder nicht mehr benötigter Information. Grundlage sind Regelwerke zur Vererbung von Metadaten, Aufbau von Ordnungsstrukturen, Aufbewahrungs- und Vernichtungsfristen, Konvertierungs- und Renditionierungsbedingungen und vieles mehr.	https://www.project-consult.de/beratung/beratung-records-management/
Referenzierung			Verweis auf Inhalte eines anderen Dokuments oder insgesamt auf ein anderes Dokument	
Reifegrad eines Dokuments			Grad der Fertigstellung eines Dokuments, z. B. Entwurf, Genehmigungsreife, Konstruktionsreife oder Montagereife	
Relativer Termin			Termin, der in Relation zu einem vorhergehenden oder nachfolgenden Termin definiert ist	
Retrieval		Wiederfinden	Retrieval kommt aus dem Englischen und steht für gewinnen, finden, abholen. Es wird im Kontext von Datenbank- oder Informationssystemabfragen verwendet und kann im Speziellen stehen für Information oder Document Retrieval.	

Benennung	Abkürzung	Erklärung	Definition	Herkunft
Revision oder Version			Jedes Mal, wenn ein Dokument geändert und freigegeben wird, wird eine neue Version/Revision erstellt. In manchen Unternehmen ist eine Revision definiert als geringe Änderung und Version als wesentliche Änderung.	
Single Point of Contact	SPoC		Vereinbarung einer einzigen gemeinsamen Kontaktstelle, über die Partner kommunizieren. Das kann eine Person oder eine Organisationseinheit sein.	
Spezifikation	Spec		Ziel der Spezifikation ist es, Anforderungen genau zu definieren und, falls möglich, zu quantifizieren. Hiermit kann das Produkt oder die Dienstleistung des Auftragnehmers bei der Übergabe an den Auftraggeber bzw. Käufer durch diesen geprüft und abgenommen werden.	Wikipedia
Stakeholder		Anspruchsberechtigter	Als Stakeholder wird eine Person oder Gruppe bezeichnet, die ein berechtigtes Interesse am Verlauf oder Ergebnis eines Prozesses oder Projektes hat.	Wikipedia
Status eines Dokuments			Bearbeitungszustand eines Dokuments im Prozess, z. B. in Arbeit, in Korrektur, freigegegeben oder ungültig	
Technische Dokumentation			Mit „Technische Dokumentation" kann sowohl die interne als auch die externe Technische Dokumentation gemeint sein. Die Maschinenrichtlinie verwendet „Technische Dokumentation" ausschließlich für die interne Technische Dokumentation. Informationen, die sich an den Betreiber wenden, werden in der Maschinenrichtlinie als „externe Technische Dokumentation" bezeichnet. Die externe Technische Dokumentation resultiert aus der internen Technischen Dokumentation.	
Technische Richtlinie	TR		Nach der in Russland durchgeführten Reform der technischen Regelung ersetzen Technische Regelwerke (TR) das veraltete System der GOST-Zertifizierung oder GOST-Deklarierung, die nicht mehr den modernen Anforderungen entsprach. Die TR gelten für Russland, Belarus und Kasachstan.	
Termin			Eine festgesetzte Verabredung oder ein festgesetzter Zeitpunkt, zu dem etwas geschehen soll.	
Terminszenario			Abfolge von definierten Terminereignissen	
Transmittal			Ein Transmittal ist eine Art Inhaltsverzeichnis eines oder meist mehrerer Dokumente, die von einer Organisation (Behörde, Unternehmen) an eine andere Organisation versendet werden. Das Transmittal enthält die wesentlichen Metadaten der Dokumente, den Zweck der Übermittlung und Informationen zur weiteren Verabeitung der Dokumente, z. B. zur Prüfung oder Genehmigung.	
vertikale Digitalisierung			vertikale und zentrale Verfügbarkeit aller Prozessdaten der internen Wertschöpfungskette	Schaffner, tekom-Vortrag, 11/2019
Verwenderland			Das Land, in dem eine Anlage oder Maschine zur Verwendung kommt.	

9. Anhang

Stakeholder Analyse

PROJEKTNAME		PROJEKTNUMMER		
VERANTWORTLICHER		DATUM		

STAKEHOLDER	ZIELE / INTERESSEN	EINSTELLUNG ZUM PROJEKT (1-5)	BEINFLUSSBARKEIT DES STAKEHOLDERS (0-5)	EINFLUSS DES STAKEHOLDERS (0-5)
Hubert K. (Auftraggeber)	Gibt als Auftraggeber Geld und Ressourcen. Wünscht ein professionelles Projektmanagement.	Positiv **(5)**	Groß (5)	Hoch (5)
Andrea P. (Projektleiterin)	Stellt ihr fachliches Know-how allen Projektbeteiligten zur Verfügung.	Neutral **(3)**	Groß **(5)**	Mittel (2)
Sven D. (Procurement)	Will das Projekt boykottieren und nach Möglichkeit aufhalten.	Negativ **(1)**	Klein **(1)**	Gering (2)
Melanie S. (Technische Redakteurin)	Hoch motiviert	Positiv **(5)**	Mittel **(3)**	Gering **(1)**
...				
...				
...				
...				
...				
...				
...				
...				
...				
...				

PROJEKTNAME		PROJEKTNUMMER		
VERANTWORTLICHER		DATUM		

STAKEHOLDER	BEZUG ZUM PROJEKT / INTERESSEN	PRIMÄRE ZIELE	MOTIVATION ZUR PROBLEMLÖSUNG	POSITIVER EINFLUSS AUF DAS PROJEKT	NEGATIVER EINFLUSS AUF DAS PROJEKT
Hubert K. (Auftraggeber)					
Andrea P. (Projektleiterin)					
Sven D. (Procurement)					
Melanie S. (Technische Redakteurin)		...	...	...	...
...					
...					
...					
...					
...					
...					

Overall Company, Germany

Test Products Plc.

Ms. Nora Noman
Abbey Road

KT55 4PZ Stratford-on-Avon
United Kingdom

Your ref.:
Our ref.: Transmittal 4502-A
Name: Hamlet, N.
Project Director
Direct dial: +49(231) 547 -
Direct fax:
E-Mail:
hamletn@overall.com

Document submission 12.05.2022

Return Documents by: 30.05.2022

Remarks:

We are sending you the item listed below via collaboration tool for the purpose defined by the document category (CC).

CC Category Code: 1 = for approval; 2 = for review; 3 = for information
AC Acceptance Code: 1 = approved / reviewed; 2 = approved as noted / reviewed as noted; 3 = not accepted, to be revised and resubmitted not accepted

Document No.	Part Rv.	Description	Product Item	CC	AC
COM-CVS-G000-EC-0006	000 01	Project Engineering Specification Civil and Structural Electrical Safety		3	
COM-EQS-1111-EC-0004	000 04	Technical Specification Filter	GLS2008	2	
COM-EQS-2201-EC-0010	000 03	Technical Specification Filter Candle	GLS2008-1	1	
COM-EQS-2304-EC-0012	000 03	Technical Specification Filter Candles	GLS2008-2	3	

Part = Document Part
Rv. = Document Revision
Best regards,
Overall Company

Hamlet
Project Director

Macbeth.
Engineering Director

(This document is valid without signatures)

Acknowledgement receipt:

Signature: Date:

Dokumentationsprodukte eines Hausstandards

Beispielhafte Auflistung von Dokumentationsprodukten eines Hausstandards.

Ausführliche Informationen dazu stehen im Prozessmodell „Schritt 1: Hausstandard definieren".

Dokumentationsprodukt	**Liefertermin (relativ)**	**Zielgruppe**	**Intern/ Extern**	**Digital/ Papier**	**Dokument**
Planungsdokumentation	Mit Auftrags-erteilung	Abwicklung	I	D/P	Maschinenauf-stellungspläne Anlagenpläne Verbraucherlisten Schaltunterlagen
Montagedokumentation	Vor Beginn der Montage i. d. R. Vertrags-termin	Baustellenpersonal	I/E	D/P	Montagezeichnungen und -anleitungen Lose-Teile-Listen Handbücher
Inbetriebnahme-dokumentation	Zur Inbetrieb-nahme	Inbetriebnahme-personal des Herstellers oder seines Beauftragten	I	D/P	Inbetriebnahme-checklisten Handbücher Separate Inbetriebnahme-handbücher
Bedienerdokumentation	Zur Inbetrieb-nahme	Endkunde Betreiber und Bediener	E	D/P	Bedienungsanleitungen Handbücher Softwarehandbücher Zeichnungen
As-Built-Dokumentation	Nach Inbetrieb-nahme	Endkunde Betreiber und Bediener	E	D/P	Bedienungsanleitungen Handbücher Softwarehandbücher Zeichnungen
Elektrodokumentation	Mit Montage-beginn	Betreiber Elektro-Fachpersonal	I/E	D/P	Schaltunterlagen Gerätebeschreibungen

Schulungs-dokumentation	Vor Inbetrieb-nahme	Betreiber und Bediener	E	D/P	Bedienerdokumentation Elektrodokumentation Separate Schulungsunterlagen
Steuerungs-dokumentation	Mit Montage-beginn	Betreiber und Bediener	I/E	D/P	Softwarehandbücher Parameterlisten Prozessfunktionspläne (PFP)
Instandhaltungs-dokumentation	Zur Inbetrieb-nahme	Betreiber und Instandhaltungs-personal	E	D/P	Betriebsanleitung Separate Instandhaltungs-anleitungen
Ersatzteildokumentation	Zur Inbetrieb-nahme	Betreiber und Instandhaltungs-personal	I/E	D/P	Separate Ersatzteillisten Handbücher Zeichnungen
Fertigungsdokumente	Mit Auftrags-erteilung	Produktfertiger	I/E	D/P	Fertigungszeichnungen Teilelisten Arbeitsanweisungen Prüfanweisungen
Software, z.B. SPS	Zur Inbetrieb-nahme	Inbetriebnahme-personal	I/E	D	Programmecodes Quellcodes Betriebssysteme
Nachweisdokumentation	Zur Inbetrieb-nahme Nach Inbetrieb-nahme	Inbetriebnahme-personal Endkunde Betreiber	I/E	D/P	Zertifikate Bescheinigungen Erklärungen Protokolle

Dokumentendefinition (Auszug)

Benennung und Definition

Maßzeichnung Einzelkomponente

Die Maßzeichnung einer Einzelkomponente muss enthalten:

- Vorderansicht, Draufsicht und Seitenansicht der Komponente
- äußere Abmessungen (L x B x H)
- Angaben zur Befestigung (Vermaßung der Befestigungspunkte, Fundamentangaben usw.)
- vermaßte Rohranschlüsse mit Anschlussnummern
- Positionen von Instrumenten mit Angabe der TAG-Nummern
- erforderliche Freiräume für Bedienung, Wartungs- und Instandhaltungsarbeiten
- Angabe der Wartungsstellen mit zugehörigen Intervallen
- Darstellung der Erdungsschrauben
- Position der Sicherheitsschilder und Kennzeichnung der Gefahrenbereiche

Aufstellungsplan

Der Aufstellungsplan muss enthalten:

- alle Bezugsmaße der Einzelkomponenten zueinander mit den erforderlichen Bedien- und Wartungsflächen
- Lage von Anschlüssen zur Energieversorgung
- Darstellung der Erdungsschrauben
- Freiräume für Schaltschränke und Bedienpulte sowie Servicearbeiten
- Hinweise zur Installation von Raumbelüftung, Absaugungen, Schallschutzeinrichtungen und Abluftleitungen, falls erforderlich

Fundamentplan

Der Fundamentplan muss enthalten:

- Geometrie des Fundaments über dem Nullpunkt
- Lage und Geometrie der Befestigungspunkte
- Vermaßung der Befestigungspunkte mit Angabe der auftretenden Belastungen (statisch und dynamisch)

Dokumentenliste

A Dokumentenliste Elektrodokumentation
Anlagenposition / Dokument
A1 Basic Engineering
Electrical Flowsheets
Motoren- und Verbraucherliste
Signalgeberliste
Messstellenliste
Notstromverbraucherliste
Schaltschrankliste
Betriebsmittellagepläne
Prozessfunktionspläne
A2 Anlagenübergreifende Elektrik System E
Anlagenlayout mit Elektroräumen und Hauptkabelwegen
Einlinienschema der Energieverteilung
Elektroraumpläne
A3 Beleuchtung
Beleuchtung – General Layouts
Beleuchtungspläne
A4 Verkabelung, Erdung und Blitzschutz
Kabeltrassenpläne
Kabellisten
Zeichnungen zur Kabelinstallation
Installationsmaterial, Materiallisten
Erdung und Blitzschutzpläne
A5 Feueralarmsysteme
Verbindungsplan
Brandmeldeanlage, Betriebsmittellageplan

A Dokumentenliste Elektrodokumentation
Anlagenposition / Dokument
Feueralarmsystem – Zulieferdokumentation
A6 Steuerung Main Station
E/A Aufbaupläne
E/A Stromlaufpläne
Lieferantendokumentation zur Steuerungssoftware S7
Lieferantendokumentation zu Einbauteilen (Netzteil, Trennverstärker, Speisetrenner)
TV Anlagenüberwachung
A7 Energieverteilung übergeordnet
Hochspannungsschaltanlage – Lieferantendokumentation
Klimaanlage – Lieferantendokumentation
Mittelspannungsschaltanlage – Lieferantendokumentation
Gleichstromversorgung – Lieferantendokumentation
Notstromgenerator – Lieferantendokumentation
Notstromverteilung – Lieferantendokumentation
Hochspannungstransformator – Lieferantendokumentation
Raumbelüftung
A8 Steuerung Sub Stations (bezogen auf Teilanlagen)
E/A Aufbaupläne
E/A Stromlaufpläne
Lieferantendokumentation zur Steuerungssoftware S7
Lieferantendokumentation zu Einbauteilen
TV Anlagenüberwachung
A9 Energieverteilung (bezogen auf Teilanlagen)
Mittelspannungsschaltanlage – Lieferantendokumentation
Gleichstromversorgung – Lieferantendokumentation
Niederspannungsschaltanlage MCC – Aufbauplan
Niederspannungsschaltanlage MCC – Stromlaufplan

A Dokumentenliste Elektrodokumentation
Anlagenposition / Dokument
Niederspannungsschaltanlage MCC – Lieferantendokumentation
Mittelspannungskompensation – Lieferantendokumentation
Mittelspannungstransformator – Lieferantendokumentation
Notstromverteilung
A10 Beleuchtung (bezogen auf Teilanlagen)
Beleuchtungsschrank
Stromlaufplan
Aufbauplan
A11 Maschinenbezogene Elektrik
Motoren
Betriebsmittel (Messstellen, Signalgeber)*
Frequenzumrichter
Transformatoren
A12 Steuerungen
Kugelmühle
Aufbauplan
Stromlaufplan

Projektnummer XYZ

Deviation List

Nummerierung Auftraggeber	Nummerierung Auftragnehmer	Referenz zum Kundenvertrag	Thema	Stellungnahme des Auftragnehmers	Antwort des Auftraggebers
30.5a	1	TB, Kap. 5, S.10	Ausführung gemäß der im Techn. Blatt angegebenen Normen	Auftragnehmer wird unter Berücksichtigung der zutreffenden harmonisierten Normen (DIN / ISO / EN) eine Dokumentation anbieten	
30.5b	2	TB, Kap. 5, S.10	Ausführen nach Unfallverhütungsvorschriften, BGV A3 § 5, Arbeitsstättenverordnung	genannte Normen / Verordnungen fallen in den Zuständigkeitsbereich des Betreibers	
30.6	3	TB, Kap. 5, S.10	Die Unterlagen sind in Englisch und Arabisch zu übergeben	Unterlagen in Arabisch können nur teilweise geliefert werden, Detailklärung	
30.7c	4	TB, Kap. 7, S.15	Alle Unterlagen sind in Heftern mit 3fach-Ringung zu übergeben	Hefter mit 3fach-Ringung sind eine Sonderausführung, die gegen Aufpreis geliefert werden kann	
30.8	5	TB, Kap. 8, S.22	Alle Zeichnungen sind als dwg-Dateien zu übergeben	Nur Projektpläne werden als dwg-Dateien übergeben	
30.9a	6	TB, Kap. 9, S.31	Alle Unterlagen sind mit Job-, Bau- und Pos.-Nummer zu kennzeichnen	Zur Ausführung sind genau Vorlagen / Muster / Struktur bzgl. Nummerierung der Unterlagen notwendig	
30.9b	7	TB, Kap. 9, S.32	Der AUFTRAGNEHMER übernimmt das vorgegebene Bezeichnungs- und Nummerierungssystem	Detailklärung / genau Vorlagen bzgl. Nomenklatur / Nummerierung der Unterlagen notwendig	

Request for Clarification Form   Page **1 of 1**   Revision n
Date dd.mm.yyyy

Spezifikation Lieferantendokumentation

Auftragsspezifische Anforderungen an die Dokumentation der Lieferanten
Dieses Formblatt ist vom Lieferanten zusammen mit der Auftrags-Bestätigung ausgefüllt zurückzusenden an:

Somewhere AG, Procurement

00001 Nowhere

Sprachen 1: English = en, 2: Spanisch = es 3: Deutsch = de

Bestellnummer und Bestellposition:	
Kommissions-Nr. des Lieferanten:	
Ansprechpartner:	**Telefon:**
Fax:	**E-Mail:**

Interne Nr.	Anzahl	Bezeichnung	Termin	wird geliefert	Bemerkungen
444222	PDF 1 x en Papier 1 x en	**Planungs-Dokumentation Mechanik**	2 Wochen nach Auftragserteilung	❑	
		Datenliste / Datenblatt u.a. mit Leistungsdaten, Antriebsdaten und Angaben zu Druckluft, Wasser- und Brennstoffbedarf		❑	
		Maschinen-Maßbild / -blatt / -skizze mit: • Hauptabmessungen • Anschlussdaten		❑	
		Maschinen-Aufstellungsplan / -skizze mit: • Lastangaben Verankerungsangaben • Lage und Größe der Wartungs- und Inspektionsöffnungen sowie der *Utilities*-Anschlüsse • Platzbedarf für Ein- und Ausbauten		❑	
		Gesamt-Zusammenstellungszeichnung		❑	
		Teile-Verzeichnis / Stückliste		❑	
444223	PDF 1 x en Papier 1 x en	**Planungs-Dokumentation Elektrik** Motoren- und Verbraucherliste	2 Wochen nach Auftragserteilung	❑	
		Angabe der Notstromverbraucher		❑	
		Mess- und Regelschemata		❑	
		Mess-Stellen- und Signalgeberliste		❑	
		Schaltpläne zu Untersteuerungen und Klemmenkästen		❑	
		Datenblätter einschließlich Anschlusspläne und Maßbilder aller elektrischen Einrichtungen		❑	
		Kabelpläne/Verkabelungsschemata		❑	
		Stücklisten		❑	
		Funktionspläne / Funktionsbeschreibungen		❑	

Interne Nr.	Anzahl	Bezeichnung	Termin	wird geliefert	Bemerkungen
		Montage-Dokumentation Mechanik[2]			
444224	PDF: 1 x en	Transport- und Lagervorschriften	8 Wochen vor Lieferung	❑	
		Zusammenstellungszeichnungen		❑	
		Montage-Detailzeichnungen		❑	
		Montage-Stücklisten		❑	
		Montageanweisungen		❑	
		Formulare für Mess-(Maß-) Protokolle (sofern erforderlich)		❑	
		Checkliste für Montageabnahme		❑	
		Anleitung für Kaltprobelauf		❑	
		Liste der Spezialwerkzeuge		❑	
		Schmierpläne gemäß Vorgabe (siehe Anlage)		❑	
		Montage-Dokumentation Elektrik			
		Dokumentation der elektrischen Ausrüstung im Umfang wie unter *Planung Elektrik* festgelegt. Dokumentation entsprechend dem ausgelieferten Zustand		❑	
		Schmierpläne gemäß Vorgabe (siehe Anlage)		❑	
		Software		❑	
		Parameter		❑	
444225	Papier: 1 x 1 x PDF: 1 x 1 x	**Benutzer-Dokumentation Mechanik[3]**	bei Lieferung		
		Bedienungsanleitungen		❑	
		Zusammenstellungszeichnungen		❑	
		Ersatzteil-Listen		❑	
		Schmierpläne gemäß Vorgabe (siehe Anlage)		❑	
		Benutzer-Dokumentation Elektrik			
		Schaltpläne		❑	
		Datenblätter einschließlich Anschlusspläne und Maßbilder aller elektrischen Einrichtungen		❑	
		Stücklisten		❑	
		Bedienungsanleitungen		❑	
		Sicherheits-und Wartungsvorschriften		❑	
444226	EXCEL-Template: 1 x de 1 x en	**Ersatzteil-Angebot**	6 Wochen nach Bestellung		
		Ersatzteil-Listen mit Preisen (-Template herunterladen unter www.xy.de/downloads)		❑	
444227	Papier: 1 x en PDF: 1 x en, 1 x es	**Abnahme- und Prüfzertifikate**	bei Lieferung		
		TÜV-Zertifikate		❑	
		CCC-Zertifikat		❑	
		Qualitätsnachweise		❑	
		EC-Erklärung		❑	
		Herkunftsnachweis		❑	

Formblatt Schmierplan

Auftragsnummer	
Bestellnummer und Bestellposition	

Schmierstelle		Kennziffer oder Norm-Bezeichnung	Menge pro Schmierstelle			Schmierintervalle Angabe in h/w/m/y		bei Auslieferung gefüllt Schmierstoff = F Konservierungsmittel = C nicht gefüllt = E
Anzahl	Beschreibung		Erstfüllung	Nachfüllen	Nachfüllen	erster Wechsel	weitere Wechsel	

Bestelltext

Zu unserer Bestellposition XY (<Komponente, Teilsystem, Maschine, unvollständige Maschine>)
bestellen wir Technische Dokumentation/Betriebsanleitung/Materialprüfzeugnisse
- gemäß gültiger EG-Maschinenrichtlinie
- entsprechend unserem gültigen Lieferantenstandard

zu unserem Projekt
Projektnummer xxxxxx
Projektkennwort: AAAABBBBBCCCC

in der/n Sprache/n: Deutsch und Englisch

im Dateiformat PDF
mit Lesezeichen entsprechend dem Inhaltsverzeichnis

<u>mit folgenden Kapiteln:</u>
Allgemeine Hinweise
Technische Daten
Aufbau und Funktion
Sicherheit
Transport, Lagerung, Konservierung
Montage
Inbetriebnahme, Betrieb
Wartung und Instandhaltung, Entsorgung
Störungsbeseitigung
Ersatzteile
Betriebsanleitungen von Baugruppen
Zertifikate / Einbauerklärung / Konformitätserklärung

Achtung:
Bitte senden Sie die Unterlagen zusammen mit einem Lieferschein unter Angabe unserer Bestell- und Positionsnummer sowie der Projektnummer direkt an unsere Abteilung Technische Dokumentation zu Händen XY

Wareneingangskontrolle Zulieferdokumentation

Check of subsuppliers's documents

Montagedokumentation / Assembly documentation: o

Benutzerdokumentation / User documentation: o

Auftragsnummer / Kennwort
Order n° / code word

Bestellnummer / Purchase n°

Eingangsdatum / Date

Zulieferer
Subsupplier

Ansprechpartner
Person in charge

Telefon
Telephone

E-Mail

Form **Formal aspects**	**ok**	**fehlt/ nicht ok missing/ incorrect**	**Anmerkung** **notes**
Bestellnummer Purchase order n°	o	o	
Angabe der Position Position	o	o	
Sprache(n) Language(s)	o	o	
Datenformat (PDF) File format (PDF)	o	o	
Übereinstimmung von PDF-Datei und Papier Matching PDF files and paper documents	o	o	
EU-Einbau-/ Konformitätserklärung EU Declaration of Incorporation/Conformity	o	o	
Inhalt Content	o	o	
Inhaltsverzeichnis oder Deckblatt Table of content or cover sheet	o	o	
Datenblatt Data sheet	o	o	

Form **Formal aspects**	**ok**	**fehlt/ nicht ok** **missing/** **incorrect**	**Anmerkung** **notes**
Ersatzteilliste Spare parts list	o	o	
Zeichnungen Drawings	o	o	
Montagezeichnungen Assembly drawings	o	o	
Schmierplan gemäß Anhang Lubrication chart acc. to appendix	o	o	
Anleitung für Kaltprobelauf instruction for cold test run	o	o	
Montagestücklisten Assembly parts lists	o	o	
Montageanweisungen Installation instructions	o	o	
Messprotokolle (Montage) Record of measured data	o	o	
Checkliste für Montageabnahme Check list for final assembly	o	o	
Liste der Spezialwerkzeuge List of special tools	o	o	

Lieferantenbewertung

<table>
<tr><td colspan="3">Lieferant:
Adresse:
Ansprechpartner:
Telefon:
E-Mail:</td><td colspan="4">Bewertungszeitraum</td></tr>
<tr><td>Erfüllungsgrad</td><td>100</td><td>75</td><td>50</td><td>25</td><td>0</td><td>Gewichtung****</td></tr>
<tr><td>1. Vollständigkeit der Dokumentation lt. Bestellspezifikation</td><td></td><td></td><td></td><td></td><td></td><td>sehr hoch</td></tr>
<tr><td>2. Qualität der Grafiken</td><td></td><td></td><td></td><td></td><td></td><td>mittel</td></tr>
<tr><td>3. Aktualität der Inhalte*</td><td></td><td></td><td></td><td></td><td></td><td>sehr hoch</td></tr>
<tr><td>4. Sprache / Fremdsprache</td><td></td><td></td><td></td><td></td><td></td><td>hoch</td></tr>
<tr><td>5. Anzahl der Exemplare</td><td></td><td></td><td></td><td></td><td></td><td>hoch</td></tr>
<tr><td>6. Elektronisches Format</td><td></td><td></td><td></td><td></td><td></td><td>mittel</td></tr>
<tr><td>7. Termintreue**</td><td></td><td></td><td></td><td></td><td></td><td>sehr hoch</td></tr>
<tr><td>8. Kommunikationsverhalten des Lieferanten***</td><td></td><td></td><td></td><td></td><td></td><td>sehr hoch</td></tr>
</table>

*** Aktualität der Inhalte**

Die Qualität des Inhaltes spiegelt sich auch in der Aktualität der Dokumente wider. Sind die Zertifikate noch gültig? Welchen Stand haben die Sicherheitsdatenblätter? Entsprechen die Erklärungen den gültigen Richtlinien? Wird auf valide Normen referenziert?

**** Termintreue**

Ausschlaggebend für die Termintreue ist der vertragliche Liefertermin. Der Termin, zu dem der Auftraggeber/Kunde die Dokumentation tatsächlich benötigt, ist für die Bewertung unerheblich.

***** Kommunikationsverhalten des Lieferanten**

Bei der Zusammenarbeit mit einem Lieferanten spielt sein Kommunikationsverhalten eine entscheidende Rolle. Bei der Bewertung geben die Antworten auf folgende Fragen ein repräsentatives Bild:

– Antwortet der Lieferant in einem angemessenen Zeitraum?
– Wird bei Verzug frühzeitig informiert?
– Wie ist die Erreichbarkeit der zuständigen Mitarbeiter?

- Wird im Krankheitsfall oder während der Urlaubszeit für entsprechend kompetente Stellvertreter gesorgt?
- Wie ist die Reaktion bei berechtigten Reklamationen?

****** Gewichtung**

Die Gewichtung eines Kriteriums wird von den Ansprüchen der jeweiligen Organisationseinheit für Technische Dokumentation abhängen. Statt einer Einstufung kann genauso mit einem Multiplikationsfaktor gearbeitet werden.

Die Gewichtung ist veränderbar, sie sollte in größeren Intervallen regelmäßig hinterfragt und ggf. angepasst werden.

Um eine Übersicht über alle (Schlüssel-)Lieferanten zu erhalten, ist die Darstellung in einer Matrix zielführend. Sie ermöglicht zudem den Vergleich von Lieferanten für das gleiche Produkt.

Beispiel: Daten für Materialstammsatz

Material 90000109					
Machine components fan	Maschinenteile Ventilator				
Denomination	**Bezeichnung**	**Standard/Contract**	**Document type**	**relative date weeks after purchase order**	**relative date weeks before delivery of equipment**
Installation drawing	Aufstellungszeichnung	St	DZ	6	
List of digital sensors	Signalgeberliste	St	EC	12	
List of motors and consumers	Motoren- und Verbraucherliste	St	DZ	12	
Motor Data Sheet	Motordatenblatt	St	ED	12	
GOST certificate	GOST-Zertifikat	Co	DZ		6
User manual	Betriebsanleitung	St	DZ		8
CE-Declaration of incorporation/conformity	CE-Einbau/Konformitätserklärung	Co	CD		8
Lubrication instruction	Schmieranleitung	St	DZ		8
Spare parts list and drawing	Ersatzteilliste und -zeichnung	St	DZ		10

Die Top 6 Argumente

für eine Mitgliedschaft bei der tekom!

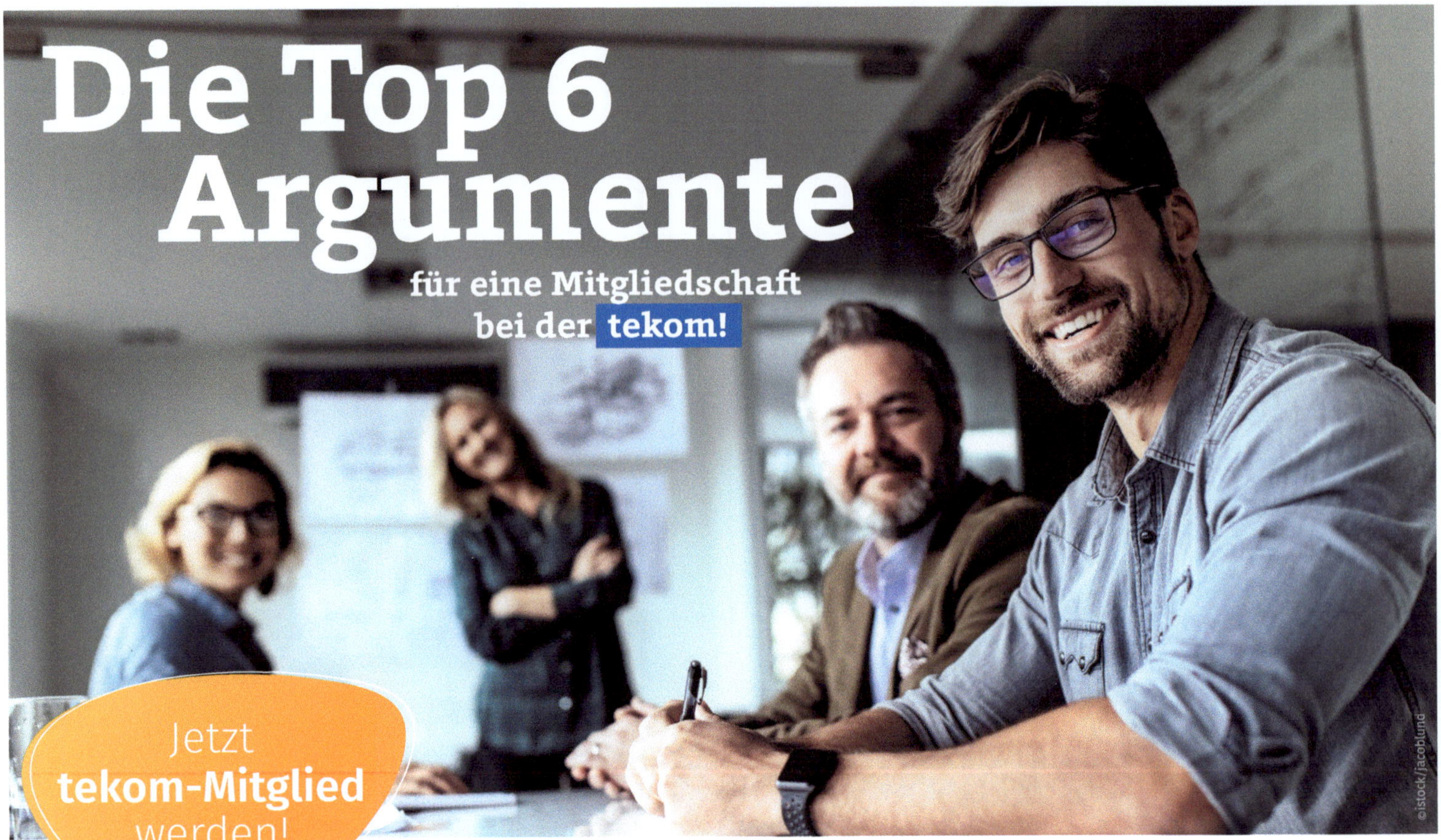

Jetzt **tekom-Mitglied** werden!

Werden auch Sie Teil unserer großen, internationalen und lebendigen Community und boosten Sie Ihre Karriere mit breitgefächertem Expertenwissen. Investieren Sie in Ihre Zukunft, profitieren Sie von den zahlreichen Vorteilen – und sparen Sie bares Geld!

1 Beruflich durchstarten – Ihr Karriereboost

Unsere Fachveranstaltungen, Expertenforen, Qualifizierungsberatung oder eine Terminologie-Datenbank unterstützen Sie bei Ihrer beruflichen Entwicklung und der Verbesserung Ihrer Positionierung im Unternehmen. Sie finden über uns eine breite Palette an qualifizierten Aus- und Weiterbildungen *– für Studierende, Berufsanfänger:innen, Quereinsteiger:innen und Expert:innen.*

2 Mitgestalten – Ihre Expertise zählt

In Fachkreisen und Beiräten bieten wir Ihnen vielfältige Möglichkeiten, sich ehrenamtlich zu engagieren und Ihre Expertise einzubringen, z. B. als Referent:in oder Autor:in *– so steigern Sie Sichtbarkeit und Bekanntheit!*

3 Persönlicher Dialog – in unserer Community

In unserer offenen und kollegialen Community treffen Sie Expert:innen und Gleichgesinnte zum Netzwerken, z.B. auf unseren internationalen Tagungen, online oder vor Ort bei regelmäßigen Veranstaltungen unserer Regionalgruppen *– auch in Ihrer Nähe!*

4 Up-to-date – mit unseren Fachzeitschriften

Mit ‚technische kommunikation' (deutsch) und ‚tcworld magazine' (englisch) erhalten Sie kostenlos fundierte und praxisnahe Fachbeiträge zu den neuesten Trends und Entwicklungen der Technischen Kommunikation *– direkt nach Hause und online!*

5 Fundiertes Wissen – in unseren Publikationen

Hier beleuchten Expert:innen die Kernthemen der Technischen Kommunikation. Unsere fachspezifischen Praxisleitfäden, Studien, Hochschulschriften, Trendreports & Whitepapers erhalten Sie vergünstigt oder sogar kostenfrei *– als Softcover und E-Book!*

6 Mehrwerte, die sich lohnen – so profitieren Mitglieder

Sie haben Zugriff auf unsere kostenlosen Webinare, Einträge in der tekom-Jobbörse und im tekom-Dienstleisterverzeichnis sowie vergünstigte Tickets zu allen unseren Tagungen *– so ist der Mitgliederbeitrag smart und nachhaltig investiert!*

i FÜR FIRMEN

Als Firmenmitglied können Arbeitgeber mehreren Mitarbeiter:innen die Vorteile der tekom-Mitgliedschaft als Benefit bieten.

Neben dem Zugang zum Branchenstellenmarkt profitieren Firmen von vergünstigten Werbemöglichkeiten und Ausstellerrabatten auf tekom-Veranstaltungen.

▶ Jetzt tekom-Mitglied werden und Vorteile sichern

tekom
GRÖSSTER FACHVERBAND EUROPAS FÜR TECHNISCHE KOMMUNIKATION

Seit 1978
engagiert sich die Gesellschaft für Technische Kommunikation – tekom Deutschland e.V. (tekom) für die Erhöhung des Stellenwerts der Technischen Kommunikation innerhalb der Unternehmen und die Weiterentwicklung des Berufsfelds der Technischen Kommunikation.

Weitere Schwerpunkte sind die Aus- und Weiterbildung, Informationsaustausch und die Normungsarbeit mit nationalen und internationalen Gremien.

Heute zählt der Verband rund 9.000 Mitglieder.

Gesellschaft für Technische Kommunikation –
tekom Deutschland e.V.
Heilbronner Straße 86
70191 Stuttgart
Telefon +49 711 65704-0
info@tekom.org

Mehr Info: **tekom.de**